彩图 1　木霉菌污染

彩图 2　青霉菌污染

彩图 3　链孢霉污染

彩图 4　根霉菌污染

彩图 5　酵母菌污染

彩图 6　细菌性污染

彩图 7　菌丝淡化症状

彩图 8　菌丝徒长

彩图 9　烧菌烂袋

彩图 10　菌袋不出菇

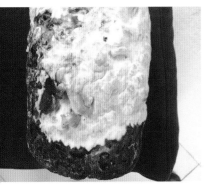

彩图 11　菌丝再次生长

彩图 12　高脚菇

彩图 13　空心软柄菇

彩图 14　平顶菇

彩图 15　拳状菇

彩图 16　死菇

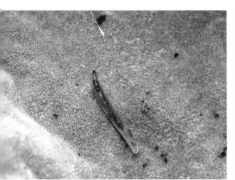

彩图 17　菇蚊幼虫

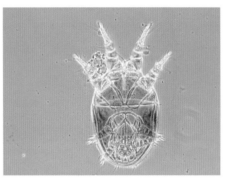

彩图 18　蒲螨

彩图 19　菌袋内跳虫

彩图 20　蛞蝓危害状

彩图 21　凹黄蕈甲成虫

河南省"四优四化"科技支撑行动计划丛书

优质香菇标准化生产技术

主编　杜适普　翟玉洛　关丽云

中原农民出版社

·郑州·

本书编委会

主　编　杜适普　翟玉洛　关丽云
副主编（排名不分先后）
　　　　石景尚　郭　杰　尚惠香　王　炯　姜　宇
参　编（排名不分先后）
　　　　班新河　张　君　王亚光　王红艳　李佩芳
　　　　赵离飞　赵双锁　孙水娟　周亚男　张　莹
　　　　徐　柯　马　瑜　曹秀敏　闫　红　刘嘉琪
　　　　武少杰　张秋杰　杨东旭

图书在版编目（CIP）数据

优质香菇标准化生产技术 ／ 杜适普，翟玉洛，关丽云主编 ．
郑州：中原农民出版社，2021.11
（河南省"四优四化"科技支撑行动计划丛书）
ISBN 978-7-5542-2482-3

Ⅰ．①优… Ⅱ．①杜… ②翟…③关… Ⅲ．①香菇－蔬菜园
艺－标准化 Ⅳ．①S646.1-65

中国版本图书馆CIP数据核字（2021）第217639号

优质香菇标准化生产技术
YOUZHI XIANGGU BIAOZHUNHUA SHENGCHAN JISHU

出　版　人：刘宏伟
策划编辑：段敬杰
责任编辑：苏国栋
责任校对：韩文利
责任印制：孙　瑞
装帧设计：杨　柳

出版发行：中原农民出版社
　　　　　地址：郑州市郑东新区祥盛街 27 号　　邮编：450016
　　　　　电话：0371-65713859（发行部）　　0371-65788651（天下农书第一编辑部）
经　　销：全国新华书店
印　　刷：新乡市豫北印务有限公司
开　　本：787mm×1092mm　1/16
印　　张：7.75
插　　页：4
字　　数：134 千字
版　　次：2021 年 12 月第 1 版
印　　次：2021 年 12 月第 1 次印刷
定　　价：50.00 元

如发现印装质量问题，影响阅读，请与印刷公司联系调换。

目录

一、香菇栽培的生物学基础

（一）概述

1. 香菇的分类与分布

1）香菇的分类学　香菇又名香蕈、香信、冬菇、花菇、香菰（图1-1）。《中国大型菌物资源图鉴》载：香菇隶属于担子菌门，蘑菇亚门，蘑菇纲，蘑菇亚纲，蘑菇目，香菇属。

2）香菇的分布区域　香菇分布于北半球的温带、亚热带地区，包括

图 1-1　香菇

中国、韩国、日本等国家。我国幅员辽阔，生态环境复杂，香菇种质资源极为丰富，分布也颇为广泛，主要分布在辽宁、吉林、安徽、浙江、江西、河南、湖北、云南、贵州、四川、广西、广东、海南、陕西、福建、台湾等省区。

2. 香菇的营养价值

香菇肉质肥厚滑嫩、香气独特、味道鲜美、营养丰富，长期食用能够起到防病健身的作用，在中国享有"山珍"的美誉，在美国享有"上帝食物"的佳誉，在日本被尊称"植物食品的顶峰"，故有"健康食品"之称、"菇中皇后"之誉（图1-2）。香菇中主要含有碳水化合物类、蛋白质类、脂类、多酚类、甾醇类、矿物质类、维生素类等物质。

图 1-2　香菇美食

平均 100 克鲜菇食用部分中含碳水化合物 54 克、脂肪 1.8 克、水 13 克、灰分 4.9 克、粗纤维 7.8 克、钙 124 毫克、铁 25.3 毫克、磷 415 毫克、烟酸 18.9 毫克、维生素 B_1 0.074 9 毫克、维生素 B_2 1.13 毫克。

1）多糖　香菇所含的碳水化合物以半纤维素为最多。此外尚有海藻糖、甘露醇、糖原、葡萄糖、甲基戊聚糖、戊聚糖等。

2）蛋白质　香菇所含的蛋白质的成分主要为醇溶蛋白、谷蛋白和白蛋白，三者的比例为 2：63：100。蛋白质是由 18 种氨基酸组成，人体必需的 8 种氨基酸，香菇含有 7 种，其中赖氨酸、精氨酸的含量较多。干香菇还含有一种蛋白质，含量约为 2.35%，其中谷氨酸含量为 17.5%。干香菇的水浸出物中含谷氨酸、组氨酸、丙氨酸、苯丙氨酸、亮氨酸、天门冬氨酸、缬氨酸、乙酰胺、天门冬酰胺、腺嘌呤、胆碱及微量的三甲胺和甲醛。

3）脂类　油脂部分，混合脂肪占 60%，不皂化物占 30%。后者的饱和脂肪酸中，蜡酸占 10%、棕榈酸占 80%；不饱和脂肪酸中，油酸占 10%、亚油酸占 80% 以上。

4）维生素　它还含有维生素 B_1、维生素 B_2 和维生素 B_3 等。不皂化物中，除麦角甾醇外，尚有菌甾醇等。其中的麦角甾醇，经紫外线或日光照射，均可转变为维生素 D，因此香菇可作为抗佝偻病的食物之一。

3. 香菇的药用价值　我国历代医药学家对香菇的药性和功用有诸多著述，如《本草纲目》中记载香菇"性平、味甘、无毒"，《医林纂要》认为香菇"大益胃气"，《日用本草》认为香菇"治风破血、不饥、益气"，《现代实用中药》认为"香菇为补偿维生素 D 的要剂，预防佝偻病，并治贫血"。现代科学研究证实，香菇具有降低血液中胆固醇含量，防治动脉硬化等心脑血管病、糖尿病、佝偻病，健脾胃、助消化以及增强免疫力、抗肿瘤的功效和作用。

1）降低胆固醇　香菇中含有脂肪酸的不饱和度甚高，对人体降低血脂有益，还含有降低血脂的成分——香菇素或香蕈素，是一种香菇腺嘌呤。

2）抗肿瘤　香菇中含有的香菇多糖是一种从香菇中提取出的重要的生物活性成分，可提高辅助性 T 细胞的活力而增强人体体液免疫功能，对癌细胞具有强烈的抑制作用，其具有提高免疫力、抑制肿瘤、抗病毒和抗氧化等多方面的药理活性，且无任何毒副作用，是一种很好的免疫反应调节剂。据报道，香菇多糖对小白鼠 S-180 肉瘤的抑制率为 97.5%，对艾氏癌的抑制率为 80%。在临床上利用香菇多糖对胃癌和肝癌患者注射，能提高患者免疫力和防治因放射性治疗引起的头痛、呕吐、下利等疾病。

3）抗病毒　香菇菌丝体中提取的小分子量含肽多糖KS-2，具有抗流感病毒作用，它还具有抗肿瘤作用。香菇子实体和孢子的提取物，能阻止流感病毒（A/SW15）和羊的口腔炎病毒增殖。此外，还具有抑制烟草花叶病毒（TMV）的作用。

4）防治佝偻病　香菇中所含麦角甾醇，即维生素D原，其含量高于一般食物，被人体吸收后，经光照能转变成为维生素D，能促进儿童牙齿和骨骼生长，可预防小儿佝偻病的发生。

4.我国香菇的栽培历史　我国香菇生产的历史悠久，是香菇栽培的发源地，距今已有800多年的历史。南宋嘉定二年（公元1209年）何澹所编《龙泉县志》是有关香菇栽培最早的、完善的文字记载。我国香菇栽培技术大致有以下几个发展阶段：

1）砍花法段木栽培技术　砍花法段木栽培技术最早起源我国的浙江省龙泉市、景宁县和庆元县三市县交界地带。据传，最早发明这项技术的是南宋龙泉县龙溪乡龙岩村人吴三公（真名吴煜yù）。当时该项技术已十分成熟，包含了香菇栽培的择时、选树、选场、砍花、培育、收采、烘干、分级等过程，一直沿用至今。

2）段木接种栽培技术　1928年日本森本彦三郎运用锯木屑菌种接种段木获得成功，从此香菇产业从段木砍花栽培走向锯木屑栽培。20世纪30年代，福建闽侯的潘志农、浙江龙泉的李师顾等人开始在我国试行段木接种技术（图1-3）并传播。20世纪50年代，我国的江西、浙江、福建、广东、湖北、贵州等省区陆续开始利用段木接种技术栽培香菇，并相继成立了广东省微生物研究所真菌室、上海农业科学院食用菌室、福建三明真菌实验站，开始对香菇栽培技术进行深入研究及普及。

3）代料栽培技术　20世纪70年代上海农业科学院食用菌研究所何园素、黄日英等研究成功的木屑压块香菇栽培工艺在全国引起轰动，各地纷纷效仿，从此代料栽培技术进入了发

图1-3　香菇段木栽培

展的高潮。20世纪80年代，福建古田彭兆旺等开创代料菌筒大田栽培工艺，形成了全国大多数地区采用的木屑菌棒香菇栽培模式。数量最大的有福建的古田、屏南、

图1-4　香菇代料栽培

政和、寿宁等县，浙江的庆元、龙泉、景宁、云和、莲都、缙云、松阳、磐安等县区，以及河南省的西峡，河北省的平泉，湖北省的随县，辽宁省的建平等20余个县市。在古田模式基础上，经过后来人不断完善，并创造性地开发出许多新的适合各地不同环境的模式，如河南泌阳花菇生产模式等。香菇代料栽培技术（图1-4）使中国香菇生产在世界上处于领先地位。

5.河南省袋栽香菇的生产现状　随着人们生活习惯的改变，国内市场潜力很大，加之我国又是食用菌出口大国，中国每人每年吃1千克食用菌，就可以增加销售收入80多亿元。在国际市场上，每千克干菇售价20～80美元，是一种创汇率很高的传统出口商品。

袋栽香菇生产水平的提高促进了香菇产业的兴旺繁荣。目前，我国香菇的总产量位居世界首位，香菇生产大国的地位已经确立。香菇总产量在近十年内数十倍增长，发展速度异常迅猛，中国的香菇干鲜品每年都大量出口，香菇产业的优势越来越明显。河南省香菇生产经过近几年的大发展，其栽培量和产量已位居全国第一位。2016年冬菇总产量241.02万吨，占全国香菇年产量的28.86%，占全省食用菌年产量的50.7%，成为河南省第一大菇种。

20世纪90年代初期引进香菇菌袋生产技术，经过本土化改进和创新，形成了多种适应河南省区域生态条件的生产模式，影响力较大的有"花菇生产模式""中棚层架越夏模式""高温覆土出菇模式""夏香菇林下地摆模式（图1-5）"等。涌现出一大批特色生产基地，如泌阳县、西峡县、灵宝市等特色基地

图1-5　香菇林下地摆

县市，卢氏、灵宝是全国最大的高温香菇生产基地，影响力较大。2009 年西峡县被授予"中国香菇之乡"称号。

河南省香菇生产已经实现了周年生产、全年有菇的目标，提升了河南省食用菌产业的整体水平。但还存在一些亟待解决的问题，如生产模式趋向集约化，产业化经营意识需要进一步增强；受资源限制，规模扩展缓慢，需寻找木屑替代基质以减少木屑用量；受市场和劳动力、资本的影响，需逐步实现香菇产业专业化分工；香菇菌棒工业化生产及出菇管理现代化是必然趋势，需加快新技术装备研发和建设；提高产品质量已成为制约产业发展的重点等。

6. 袋栽香菇的经济效益 袋栽香菇生产技术简单易学，投资可大可小，经济效益突出，以"大袋立体小棚"模式的 1 个棚 500 袋计算，每个棚投资（包括固定投资和生产投资）为 1 813 元。按成品率 85%、生物转化率 80% 计算，1 175 千克培养料（木屑 1 000 千克、麦麸 125 千克、玉米面 50 千克）可出鲜菇 800 千克（1 175 × 85% × 80% ≈ 800 千克），折干菇约 100 千克。在国内市场平均 50 元 / 千克，一个棚 500 袋产值 5 000 元，利润 3 000 多元。1 亩地可以建造这样的香菇棚 15 ~ 20 个，能够实现产值 7.5 万元左右，利润 4.5 万元左右。

7. 河南省袋栽香菇的发展前景 首先，袋栽香菇能够综合利用农林产品的下脚料，把不能直接食用、经济价值极低的纤维性材料变成经济价值高的香菇，节省了木材，充分利用了生物资源，变废为宝。其次，可以有效地扩大栽培区域，有森林的山区可以栽培，没有森林资源的平原及沿海城镇也可以栽培，既适于家庭中小型栽培，也便于工厂化大批量生产。同时，由于采用代料栽培的培养基可按香菇的生物学特性进行合理配制，栽培条件（如菇房）比较容易进行人工控制，因此产量、质量比较稳定，生产周期短（从接种出菇至采收结束仅需 10 ~ 11 个月），资金回收快又可以四季生产，调节市场淡旺季，满足国内外市场需要。

中国香菇"南菇北移"的趋势为河南省带来了难得的发展机遇。河南省作为农业大省，农林资源丰富，尤其是豫南、豫西、豫北山区和平原林果木资源量充裕的地区，发展香菇生产的优势更加突出。近几年，多数地区发展袋栽香菇的实践表明，河南省生产优质香菇的气候适宜，经济效益突出，其发展潜力巨大，前景广阔。

随着人民生活水平的进一步提高，香菇的需求量会越来越大。据报道，我国香菇的消费量以每年 2 000 吨的速度递增。但我国人口众多，年人均消费量不足 0.5 千克。美国年人均为 1.5 千克，日本年人均为 3 千克，我国年人均消费量与世界一些国家相比，差距较大，国内市场潜力巨大。

香菇是国际市场畅销的食用菌之一。我国是香菇产量最大的国家，2016 年、2017 年、2018 年我国食用菌总产量分别为 3 596.66 万吨、3 712 万吨、3 842.04 万吨。近年来我国的出口量也有大幅度增加，据海关提供的数据，出口量分别为 55.78 万吨、63.08 万吨、70.31 万吨。

（二）香菇的生物学特性

图 1-6 香菇菌丝体

1. 形态特征 香菇是一种大型伞菌，通常把香菇整个生长发育过程分为两个不同的发育阶段：第一个为营养生长阶段，该阶段菌丝不断生长积累营养形成菌丝体；第二个为繁殖生长阶段，该阶段菌丝体扭结形成子实体原基，原基进一步分化发育成香菇子实体。

1）菌丝体 香菇菌丝体是香菇的营养器官，是由许多菌丝集合连接而成的群体，呈蛛网状。菌丝由孢子或子实体上任何一部分组织萌发而成，白色、绒毛状，由单孢子萌发而成的初次菌丝为单核菌丝，后经质配形成双核菌丝。双核菌丝菌丝粗壮，粗细均匀，具有横隔和分枝，直径 2～3微米，有明显的锁状联合。菌丝不断生长，相互交织呈网状，集合成菌丝体（图 1-6）。在斜面培养基上平铺生长，略有爬壁现象，边缘呈不规则弯曲，老化时略有淡黄色色素分泌物。菌丝体生长发育到一定阶段，在基质表面形成子实体。

2）子实体 子实体是香菇的繁殖器官，群生或丛生，也有单生。单个子实体由菌盖和菌柄两部分构成（图1-7）。

（1）菌盖 又称菇盖或菌伞，为产

图 1-7 香菇子实体

生孢子的保护器官。位于子实体上部，幼蕾时边缘内卷，呈半球形。随着生长逐渐平展，趋于成熟时呈伞状；过分成熟时，边缘向上反卷，直径一般 3～15 厘米。菌盖表皮色泽呈淡褐色或茶褐色，盖面披有丛状纤毛，有时附着黑褐色或白色的鳞片，有时龟裂成菊花状裂纹。菌肉肥厚，白色。幼蕾时菌盖与菌柄间有白色内薄膜，即为菌环，破裂后残留在菌盖外缘，易消失。

菌褶是孕育孢子的场所。着生于菌盖下方，又称菇叶或菇鳃，辐射状排列，外观呈刀片状，白色，柔软，宽 3～4 毫米，不等长，弯生。在光学显微镜下，可以清楚看到菌褶纵切面中的子实层基，上有许多担子，每个担子上生 4 个担孢子，担孢子白色透明。担孢子成熟后从担子上弹射到气流中，多时呈白雾状。孢子印为白色。

（2）菌柄　又称菇柄或菇脚，是支撑菌盖和输送营养的器官。中生或偏生于菌盖下方，呈圆柱形或稍扁，表面附着细绒毛，上部白色，基部略呈红褐色，内实、纤维质，一般长 3～10 厘米、直径 0.5～2 厘米。

2. 香菇的生活史　香菇的孢子萌发成菌丝，菌丝生长发育分化成子实体，子实体再产生孢子，如此往复循环，形成香菇的生活周期（图 1-8）。循环一次称为一个世代。在自然条件下，一个世代需 8～12 个月，甚至更长。人工代料栽培，可缩短为 3～4 个月。香菇是一种"四极性"异宗结合的高等担子菌，其生活史和典型的担孢子菌的生活史基本相似，大体上由如下 5 步组成：

1）担孢子的萌发　担孢子萌发时不产生典型的芽管，而是先膨大为原来的 2～5 倍，孢子沿长轴方向生长，内部出现空泡。

2）单核菌丝形成　孢子萌发后，细胞开始分裂，首先细胞核分裂，在细胞核分裂时，核先拉长，后中部收缩，核膜始终存在，条件适宜时，不同的孢子形成 4 种不同交配型的单核菌丝。单核菌丝不具产生子实体的能力。

3）双核菌丝形成　两条可亲和的单核菌丝接合之后，一方细胞内的细胞核迁移到另一方的细胞内，2 个细胞核保持分离不相互融合，这种现象称为接合或称质配。经

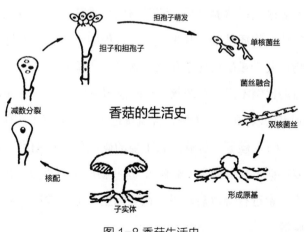

图 1-8 香菇生活史

质配后，每个细胞中含有 2 个细胞核的菌丝，称为双核菌丝。香菇的双核菌丝具有锁状联合。双核菌丝在适宜的条件下可大量形成子实体。

4）子实体分化　当外界具备香菇子实体分化和发育的条件时，达到生理成熟的菌丝就进入扭结阶段。最初菌丝互相交织成直径 0.5 ~ 1.0 毫米的菌丝团，其后逐渐增大，内部变得很致密，当直径达 1 ~ 2 毫米时，成为坚固的菌丝团称为盘状体或原基。以后逐渐分化、膨大而形成商品子实体。

5）担子（担孢子）的形成　在菌褶上，双核菌丝的顶端细胞发育成担子，担子排列成子实层。在成熟的担孢子中，2 个单元核发生融合（核配），香菇形成一个双元核。担孢子中的双元核进行 2 次成熟分裂，其中包括一次减数分裂，最后形成 4 个担孢子（图 1-9）。担孢子弹射后，在萌发过程中，经常发生一次有丝分裂，表明生活史重新开始。

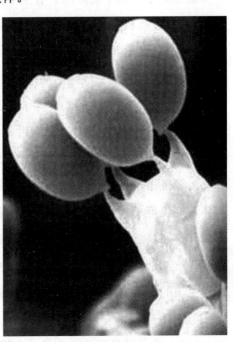

图 1-9　香菇担子和担孢子

3. 生长发育条件　香菇的生长发育条件主要有营养条件和环境条件两个方面：营养条件包括碳源、氮源、矿质元素及维生素等；环境条件包括温度、湿度、空气、光照和酸碱度等。

1）营养条件　香菇属于木腐菌，不能进行光合作用，主要依靠菌丝体合成的各种酶系分解基质中的纤维素、木质素、氮素等来获得营养物质。营养物质是香菇整个生命过程的能量源泉，也是产生大量子实体的物质基础，其生长发育过程中所需的营养物质主要有碳水化合物、含氮化合物以及少量矿质元素和维生素等。实验研究证明，香菇不同生长发育阶段要求碳和氮的比例不同，在菌丝生长阶段碳氮比为（25 ~ 40）：1；子实体形成及发育时期碳氮比以 60：1 为好，含氮量过高反而抑制子实体形成。

（1）碳源　香菇生长主要的碳源包括单糖类（葡萄糖、果糖）、双糖类（蔗糖、麦芽糖）和多糖类（淀粉）。这些物质主要靠菌丝顶端分泌的水解酶对培养基质中的木质素进行降解后获得。在实际生产上，常用木屑、棉籽壳、豆秸秆、蔗糖等作为碳源。

（2）氮源　香菇生长主要的氮源包括有机氮（蛋白胨、尿素等）和铵态氮（硫酸铵）。香菇菌丝体能分泌蛋白酶，可将营养基质中的蛋白质降解为氨基酸供菌丝体吸收利用。各种铵盐是香菇生长发育良好的无机氮源，而硝态氮和亚硝态氮不能被香菇菌丝利用。木屑中所含氮源主要集中在树皮下的韧皮部，木质部较少。在实际生产上，若使用木质部较多的木屑，则可人为地增添麦麸、米糠、豆饼、尿素等作为氮源，以提高含氮量。适宜的含氮量菌丝生长迅速、浓白粗壮，有利于缩短菌丝培养期，提早出菇，但过量增加麦麸等氮源，反而不利于菌丝从营养阶段转入生殖阶段。

（3）矿物质元素　香菇的生长发育离不开磷、钾、镁、硫、铁、锌等微量矿物质元素，虽然其用量较小但不能缺少，它是酶的激活剂。据报告，铁、锌、镁同时存在能促进香菇菌丝的生长。在实际生产中主要从木屑、麸皮中获得，且香菇菌丝具有很强的富集金属离子的能力，因而一般无须人为地增添微量矿物质元素。

（4）维生素　维生素 B_1 是香菇菌丝生长发育必需的生长因子，缺少时香菇许多代谢无法正常进行。在实际生产中主要是从麦麸或米糠中获得，一般不必再增添维生素类。

2）环境条件　香菇生长发育过程中需要综合考虑温度、湿度、空气、光照以及酸碱度之间的关系及对香菇生长发育的影响，否则易发生栽培失败。

（1）温度　是影响香菇生长发育的一个最活跃、最敏感、最重要的因素，直接影响着香菇孢子萌发、菌丝生长和子实体分化发育。不同品系、同一品种的不同生长阶段对温度的要求也不一样。因此，在生产过程中，根据当地栽培季节气温变化范围和栽培模式，选定所栽培香菇品系的温型是至关重要的。

①孢子萌发阶段。孢子萌发的温度是 15 ～ 28℃，以 22 ～ 26℃ 为最适宜，孢子对低温具有较强的适应性。

②菌丝生长发育阶段。菌丝在 5 ～ 32℃ 的内都能生长，以 24 ～ 27℃ 为最适宜。10℃ 以下菌丝生长缓慢且抗性较差，5℃ 以下菌丝生长趋于停止，超过 32℃ 菌丝生长不良且抗性较差，35℃ 停止生长，38℃ 经过 40 分就可死亡。袋栽香菇由于不像段木香菇一样菌丝受树皮的保护，长时间的高温和寒冷对其影响较大。在生产中袋栽香菇冬季接种后一般萌发温度需保持在 10℃ 以上，否则易死穴，菌袋培养或越夏时必须采取措施把温度保持在 32℃ 以下，否则易高温烧菌，从而使种植失败的概率大大增加。

③子实体发育阶段。香菇属于变温结实性菇类，香菇原基的形成需要一定的昼夜温差刺激，而所需要的温差幅度由香菇品系所决定。原基分化的适宜温度为 8 ~ 17℃，以 10 ~ 12℃为最适宜，同时还需要 10℃左右的温差刺激。子实体生长的温度为 5 ~ 30℃：低温型品种最适生长温度为 8 ~ 15℃，中温型品种最适生长温度为 12 ~ 20℃，高温型品种最适生长温度为 15 ~ 28℃。同一品种在高温下生长快，但菌肉薄、柄长、易开伞、品质差；在低温下生长慢，但肉厚、柄短。在恒温条件下或温差小于 2℃，子实体不能很好地发育。

（2）湿度　通常袋栽香菇中所说的湿度即水分，它包括两个方面：一是基质中的含水量，二是空气相对湿度。水分对香菇孢子萌发、菌丝生长和子实体分化发育有显著的影响，且不同生长发育阶段对水分的要求不同。

①湿度对孢子萌发的影响。香菇的孢子在干燥的环境条件下不能萌发，要在湿度较大的基质中才能萌发，空气相对湿度低的环境对香菇孢子保存有利。孢子从子实体释出后，随风飘散，在适温下，当孢子落入适宜的基质中，吸水膨胀开始萌发。在温度 22 ~ 24℃条件下，孢子在水中或适宜的培养液中萌发率达 80% ~ 100%。

②湿度对菌丝生长的影响。菌丝生长阶段所需要的水分主要来自基质，最适基质含水量是 55% ~ 65%，过大或过小均会造成菌丝生长缓慢，在 20% 以下时菌丝停止生长。空气相对湿度以 65% ~ 75% 为宜，空间湿度过大，易长杂菌。

③湿度对子实体分化发育的影响。香菇子实体分化所需要的水分绝大部分也来自基质，香菇原基形成后，要求培养料的含水量为 65% 左右，空气相对湿度保持在 75% ~ 85%。空气相对湿度低于 60%，香菇发育受阻。空气相对湿度在 70% ~ 74% 时，如遇低温，子实体生长速度减慢，菇盖的内外层发育不同步，菌盖将龟裂成花菇。空气相对湿度偏高（大于 95%），则有碍菇体的蒸腾，造成子实体营养物质运输、代谢失常，发育不利，且易出现腐烂等病害。人工栽培时，为了培育优质花菇，常把空气相对湿度控制在 70% 以下。在适宜的温度下，一定的干湿差能够促进香菇原基的分化，有利于花菇的形成。

（3）空气　香菇是好气性真菌，足够的新鲜空气是保证香菇正常发育的重要条件，只有在通风良好的场所，才能高产、优质。在香菇生长发育的过程中需要不断地吸入氧气，排出二氧化碳，若环境中氧气不足，出菇时香菇产量和品质就会降低。空气不流通，氧气不足，对菌丝生长和子实体分化发育影响较大。

①空气对菌丝生长的影响。实验证明，若环境中二氧化碳浓度超过 0.1% 时，其

菌丝生长就会受抑制，菌丝借助酵解作用暂时维持生长，消耗大量营养，菌丝生长缓慢易衰老，菌丝在袋内迟迟不能发满袋；若环境中二氧化碳浓度超过0.5%时，其菌丝生长就会停止，同时还会引起杂菌污染。因此，在培养时，要注意通风换气。

②空气对子实体分化发育的影响。缺氧使菌丝的呼吸受阻，子实体发育受抑制，若环境中二氧化碳浓度超过0.1%，易产生畸形菇（长脚菇、大脚菇）。

（4）光照　强度适宜的散射光是香菇完成正常生活史的必要环境条件之一。微弱的散射光可以促进菌丝发育，强的直射光则对菌丝有抑制和致死作用。不同香菇生长发育阶段所需的光照不同。

①光照对孢子萌发的影响。强光照会加速孢子失水，对孢子萌发不利。

②光照对菌丝生长的影响。菌丝生长阶段不需要光照，强光照对菌丝生长有抑制作用。在明亮的室内培养时，菌丝易形成褐色菌膜，甚至会诱导原基产生。

③光照对子实体分化发育的影响。子实体的分化发育必须有光的刺激和诱导，弱光照对子实体分化发育是必要的，但在完全黑暗条件下，不能形成子实体。只要有微弱的光照，就能促进子实体形成，香菇原基在暗处有徒长的倾向。随着光照强度的增强，香菇子实体的数目减少。诱导子实体原基形成最有效的光照强度为370～420勒。在光照强度为200～600勒时，形成的子实体颜色深，柄短、盖厚、圆整。在光照强度40～150勒时子实体盖小、柄长、色淡、肉薄、质劣。

（5）酸碱度　香菇菌丝喜欢生长在偏酸性环境里，在基质pH为3～7时均能生长，以5.5～6.5为最适宜，过低或过高，菌丝生长缓慢且抗性较差。随着菌丝不断吸收基质中的营养，会使基质逐渐酸化，待基质pH降至3.8～4.1时，在适宜条件刺激下，菌丝开始扭结形成菇蕾，进入生殖生长。

香菇对环境条件的要求是相互关联的，只有综合把控好温、湿、光、气等条件，创造适宜于香菇生长发育的环境条件，才能获得丰产。

二、香菇生产常用原料及设备

（一）常用生产原料

生产原料是生产优质香菇的基本条件，它包括生产常用的基质原料、消毒药剂和基础器具等。

1.基质原料

1）木屑　是香菇生产中栽培种、栽培袋的主要碳源原料（图2-1），除了针叶树种（松、杉、柏）和某些特殊的具有芳香物质的阔叶树种的木屑之外，绝大部分阔叶树的木屑均可用。原种、栽培种使用的木屑应稍细些，一般0.5厘米大小的方块颗粒最佳；栽培袋使用的木屑可稍粗些，一般1～2厘米大小的方块颗粒最佳，若过细则会引起培养基过湿或通气不良，生产中均要求干燥无霉烂、无杂质。

图2-1　木屑

2）麦麸　即麦皮，是小麦加工面粉的副产品，麦黄色，片状或粉状麦麸，麦麸不仅是菌丝发育的良好氮源，同时又是碳源，是香菇生产中栽培种、栽培袋的主要碳源原料。麦麸内富含纤维素和维生素B类，还有一些矿物质。在香菇生产中，应力求麦麸新鲜，陈旧的麦麸中极易产生螨害。螨害可随着人员走动而带入菌种室，造成不可挽回的后果。麦麸遇湿易结团，在配制培养基时，最好先和主料干混匀后，再加水调湿。另外麦麸的用量应随着气候（空气相对湿度）变化而适当增减。梅雨季节空气相对湿度大，空中霉菌孢子浓度较高，加上气温回升，适合霉菌蔓延，同时也是螨类繁殖的盛期，为了降低污染率，可相应地减少麦麸用量；冬季气候较为干燥，可适当增加麦麸用量。但要注意，增加麦麸用量之后，稍不注意，便容易引起培养基过湿，应切实注意对培养基含水量的调节。

3）蔗糖（白糖或红糖） 白糖是较纯的蔗糖，而红糖则含有丰富的葡萄糖和矿物质，可被香菇菌丝直接吸收利用。为促使菌丝快速生长，在三级菌种生产中常作为碳源添加剂使用，一般用量为 1% ~ 2%；栽培袋生产中其培养基配方中则无须添加。

4）石膏（$C_aSO_4 \cdot 2H_2O$） 为微溶性强酸弱碱盐，是香菇生产中除了一级母种外的常用添加剂。添加石膏除了提供矿物质营养钙外，更重要的是对培养基理化性状的改良，如固定单宁，调节酸碱度，增加基质的硬度等。为了将石膏均匀地混入培养基中，其质地以细的为好，生产中常使用熟石膏，一般用量为 1% ~ 3%。

5）石灰 常指生石灰，其成分为氧化钙（CaO），为碳酸钙的天然岩石在高温下煅烧分解生成二氧化碳以及氧化钙，系白色块状固体。遇水化合即成熟石灰 [Ca（OH）$_2$]，又称消石灰，为强碱性物质，是香菇生产中二、三级菌种和栽培袋的常用添加剂。添加石灰除了提供矿物质营养钙外，还可调节培养基酸碱度，也可用生石灰覆盖污染的霉菌来防治杂菌。

6）葡萄糖（$C_6H_{12}O_6$） 是自然界分布最广且最为重要的一种单糖。纯净的葡萄糖为无色晶状体，有甜味，但甜味不如蔗糖，易溶于水。在香菇生产中常用作一级母种培养基的有机碳源，是菌丝活细胞的能量来源。

7）蛋白胨 是将肉、酪素或明胶用酸或蛋白酶水解后干燥而成的外观呈淡黄色的粉剂，具有肉香的特殊气息。蛋白质经酸、碱或蛋白酶分解后也可形成蛋白胨，富含有机氮化合物，也含有一些维生素和糖类，是一级母种培养基良好的有机氮源。用量一般为 0.05% ~ 0.20%，常用量为 0.1%。

8）琼脂 是一类从石花菜及其他红藻类植物提取出来的藻胶，无味、透明的胶冻块片或粉末，性能十分稳定，96℃ 以上熔化为胶液，45℃ 时凝成胶块。常用作一级母种培养基的凝固剂，用量为 1.8% ~ 2.3%。

另外在香菇生产中，根据不同培养需要会在培养基中添加盐酸（HCL）、氢氧化钠（NaOH）、磷酸二氢钾或磷酸氢二钾以及硫酸镁等微量物质。

2.消毒药剂 香菇生产中常用的消毒药剂包括：高锰酸钾（$KMnO_4$）、福尔马林（CH_2O）、乙醇（C_2H_5OH）、新洁尔灭（$C_{21}H_{38}BrN$）、气雾消毒盒、金星消毒液、生石灰（CaO）、熟石灰[$Ca(OH)_2$]、甲基硫菌灵（$C_{12}H_{14}N_4O_4S_2$）等。

3.基础器具

1）玻璃器具

（1）试管　常用作一级种培养容器，常用规格15毫米×180毫米，多用于一级母种制作和菌种保藏。

（2）三角瓶　常用于一级种悬挂法孢子分离，制作无菌水或液体，也可用于二级菌种的培养容器使用。常用规格有250毫米、300毫米、500毫米等。

（3）培养皿　常用于菌种的分离纯化、测定接种环境的无菌度、测定菌丝生长速度等。以口径9厘米的较多用。

（4）漏斗　用于过滤、分装一级种培养基或液体培养基。

（5）烧杯　用于一级种培养基的配料容器用。规格有50毫升、100毫升、1 000毫升等。

（6）酒精灯　用于菌种制作中无菌操作时产生无菌小区，火焰封口或接种器具的火焰灭菌等。

（7）菌种瓶　用于二级种、三级种的培养容器，常用750毫升规格的高透明度的广口瓶。

2）塑料容器　包括生产中使用的菌种袋、栽培袋，规格大小随生产需求而定。

3）其他材料器具　药品柜、玻璃器皿橱、工作台、电冰箱、铝锅、天平、磅秤、盆、盘、铁桶、镊子、小刀、棉花、纱布、记号笔、洁具、电炉或其他加热用具等。

（二）生产设备

生产设备也是生产优质香菇的基本条件，它包括生产上常用的配料设备、灭菌设备、接种设备、培养设备、出菇设备、监测设备等。

1.配料设备

1）切片粉碎机　又叫木屑粉碎机（图2-2），将木材切片和粉碎成特定规格木片，是加工纯木屑的专用机械。木屑粉碎机型号较多，价格从1 000多元到数万元，生产者可以根据需要选用相应规格及型号。

图2-2 切片粉碎机　　　　　　　　图2-3 自走式叶轮搅拌机

2）搅拌机　在二级种、三级种以及栽培袋培养料制备中，各种物料需按配方比例加水混合，且要求拌料耗时短、操作快，因此大规模生产时多采用搅拌机。现在市场上主要有自走式叶轮搅拌机、卧式螺带搅拌机等。

（1）自走式叶轮搅拌机　主要由驱动电机、传动装置、行走轮、搅拌叶轮等组成（图2-3）。

①优点。混合均匀，动力消耗小，占地小。

②缺点。混合时间长，生产率低，不适宜组装生产线，主要用于小规模生产。

（2）卧式螺带搅拌机　主要由机体、转子、进料口、出料口和传动机构等组成（图2-4）。机体为U形槽，进料口在机体顶部，出料口在底部与上料传输机结合。转子由主轴、支撑杆、螺带构成，螺带包括内层螺带和外层螺带，分别为左旋和右旋。

①优点。混合效率高，质量好，卸料快。

图2-4 卧式螺带搅拌机

②缺点。占地面积大，配套动力较大。现在生产上主要使用的就是这种搅拌机。

3）装袋机　目前市场上装袋机大致分为冲压式和螺旋进料式两大类，根据使用实践各有其优缺点。

（1）冲压式装袋机　在香菇生产上一般作为菌种生产设备，其结构主要由机架、上料系统、加料盘系统、冲压杆系统、传动系统、护套、夹袋部件等构造而组成（图

2-5）。

装袋是由 4 道程序完成：人工套袋、自动加料、自动冲压、人工卸袋。人工将塑料袋套入转盘套筒上，用夹子夹紧塑料袋，培养料通过喂料斗中的螺带、搅龙旋转，将料拨入塑料袋中，装满后，加料转盘旋转，进入冲压工位，冲压杆冲压时抱袋机构抱紧塑料袋。转盘依次旋转到前方卸袋工位卸袋。在香菇生产中一般作为菌种生产设备。

图2-5　冲压式装袋机

①优点。装袋快而稳定，由于是机械推动，人随机器动，可保证产量；装袋规格标准且密实，采用冲压式装袋机所装的袋均匀、密实、一致，袋之间差异极小，适宜商品化制袋生产要求。

②缺点。由于采用冲压设计，压盘从上向下挤压，袋内压力不均易造成料袋微孔和料带底部不实，这是食用菌栽培最忌讳的缺点和冲压式装袋机致命的弱点。对于 50 厘米以上的香菇棒缺点更明显；对原料有苛刻的要求，原料颗粒稍大或预湿不好就将袋子冲破，破袋率较高。

（2）螺旋进料式装袋机　国内生产的各种卧式装袋机都是采用螺旋输送的原理，将料斗中的培养料通过螺旋搅龙推入套在搅龙套上的袋中。目前使用的机型较多，各机型的区别主要在搅龙的尺寸、数目、搅拌器、操纵控制机构等结构的差异上。根据搅龙数目不同有单筒和双筒之分。根据操纵控制机构的不同分为程控、电控和机械离合 3 种。机械离合有摩擦盘离合和轴向齿嵌离合的区别。

①机械离合卧式螺旋进料式装袋机。主要由料斗、送料搅龙、传动系统、离合操纵系统、机架等 5 个组成部分（图2-6）。装袋时，袋口套在装袋机的搅龙套筒上，用脚踩下踏板，接上离合器，搅龙转动，物料由料斗经搅拌器进

图2-6　螺旋进料式装袋机

入送料搅龙，被挤压送进袋内，随着物料不断进入袋内并挤实；袋装满后，抬脚使离合器断开，将袋从搅龙套上取下，周而复始。所装料袋微孔较少，没有大孔；由于是人工操控机器，加料、套袋、出袋都由人的因素控制，导致产量没保证；装袋不标准，菌袋长度、松紧度参差不齐，很不规范，菌袋商品性差。

②电动（自动）螺旋进料装袋机。主要由供料系统、螺旋输送机构、抱筒滑行小车、传动系统、机架等部分组成。该机为抱筒搅龙结构，组合式设计，是传统装袋机和冲压式自动装袋机的结合物，又称电动（自动）抱筒装袋机（图2-7）。装袋时，首先由人工手持塑料空料袋套进出料筒时并轻碰相关的行程开关，这时装料电机启动，机器一端的上下两半抱筒闭合，并向出料筒方向滑行，

图2-7　电动（自动）抱筒装袋机

自动套进出料筒的塑料空料袋外，实现自动夹袋、护袋和控制装袋量。培养料在搅龙轴螺旋叶片的推动下进入出料筒中，不断从出料筒输出，并推动抱筒上的滑行小车向后方移动；当滑行小车后退至斜坡导轨处时，在重力作用下，抱筒张开并松开料袋，料袋自行沿滑梯下滑至地面，完成了一个工作循环。电动（自动）抱筒装袋机采用电动控制技术，装袋长度可自由调整，松紧度可自由调整。优点：操作简便，装袋效果好，适合菌袋的长短袋作业。同时，该种装置还被开发出一条半自动装袋生产线，适用于较大规模的工厂化生产，提高了工作效率。

③全自动装袋生产线。主要由供料系统、螺旋输送机构、自动套袋机构、自动螺旋装袋机构、自动封口机构、透气孔打孔机构、透气孔封口机构、料袋传输机构等部分组成。生产线采用微电脑控制技术，装袋长度可自由调整，松紧度可自由调整。具有自动化程度高、省时省工，装袋效果好等优点，适合菌袋的长袋作业。同时，该生产线仅需2~4人操作，每条生产线每小时可装1 500~2 000袋，适用于大规模的工厂化制棒生产。

2. 灭菌设备　主要用于培养基灭菌，利用高温蒸汽杀灭基质中的一切，达到基质安全的效果。灭菌设备分为常压灭菌锅和高压灭菌锅两类。

1）常压灭菌锅　自然压力下产生100℃蒸汽进行灭菌的炉灶，又称常压灭菌锅（灶），由常压蒸汽炉和常压蒸汽灭菌仓组成。

（1）常压蒸汽炉　是用热能加热水产生蒸汽的设备，与灭菌柜连接即组成香菇常压灭菌设施，目前市场上常见的常压蒸汽炉一般为电加热锅炉、天然气锅炉、生物质锅炉等。

图 2-8　简易灭菌包

（2）常压蒸汽灭菌仓　生产中常用的有简易灭菌包（图2-8）、灭菌池和方形灭菌柜等。为了适应日栽培量数万袋的栽培规模，大型香菇制棒厂采用大型常压灭菌锅灭菌。

2）高压灭菌锅　高压灭菌锅又名高压蒸汽灭菌锅，可分为手提式灭菌锅、立式灭菌锅以及大型食用菌专用灭菌器。手提式灭菌锅和立式灭菌锅是利用电热丝加热水产生蒸汽，并能维持一定压力的装置，主要由一个可以密封的桶体、压力表、排气阀、安全阀、电热丝等组成。

（1）手提式灭菌锅　手提式灭菌锅是利用压力饱和蒸汽对产品进行迅速而可靠的消毒灭菌设备，适用于医疗卫生事业、科研、农业等单位对医疗器械、敷料、玻璃器皿、溶液培养基等进行消毒灭菌（图2-9）。食用菌生产中常用手提式灭菌锅来消毒试管、培养基。

（2）立式灭菌锅　立式灭菌锅往往采用手轮式开门安全连锁装置结构，设计更安全，合理（图2-10）。锅体外壳、内腔均用优质不锈钢材质制成，耐酸、耐碱、耐腐蚀；微

图 2-9　手提式灭菌锅

图 2-10 立式灭菌锅

电脑智能化自动控制；压力安全连锁装置，超温自动保护装置；自涨式密封圈，自动排放冷空气；高低水位报警，断水自控。相比手提式灭菌锅更加高效、耐用。

（3）大型食用菌专用灭菌器 工厂化生产中的大型食用菌灭菌器经过精密编程控制，采用可多次抽真空、进高温蒸汽的方式来置换内室空气进行灭菌，具有升温快、穿透性强、室内温度均匀的特点。优质的管路配件、合理的管路审计和先进的灭菌程序控制，既节约大量能源又保证灭菌效果。常见的类型包括方形高压灭菌柜（图 2-11）和圆形高压灭菌锅（图 2-12）。

图 2-11 方形高压灭菌柜

图 2-12 圆形高压灭菌锅

3. 接种设备和设施

1）超净化工作台 又称超净工作台（图 2-13）。超净工作台利用层流装置在局部形成高净度的工作环境，使空间内空气经高效过滤器除尘洁净后，以垂直或水平层流状态通过操作区，因此，可使操作区保持既无尘又无菌的环境。超净化工作台操作方便，使用环境安全舒适，工作效率较高。多为科研单位购置，主要用于母种的分离和转扩。

2）接种箱 用于制作母种、原种和栽培种，是食用菌生产的必备设备，是为了创造局部相对无菌空间而设计的，生产上接种箱通常为一个密封的木质结构容器（图 2-14），规格有单人式和双人对接式。操作面用玻璃镶嵌，便于观察箱内物品及操作，并可开启，以便取放物品。玻璃窗下的木板有一对椭圆形开孔，孔外有一对可滑动的方形板，各开一个圆孔作为操作孔，可依据各人双肩间距左右移动。操作孔装有长白布袖套，一端固定在圆孔上，另一端套口用松紧带箍住操作者的手臂。手伸进箱内进行接种操作。

图 2-13 超净工作台

整个接种箱应尽可能做到严密，以减少气体对流。箱顶两侧还设有通气孔（直径 10 厘米），采用多层纱布遮盖严密，纱布定期洗涤。箱内前面安装 20 瓦日光灯（冷光源），后面安装 30 瓦紫外线灯管，开关安装于右侧板外，尽量减少电源线在箱内的布线，以减少灰尘黏附。用普通灯

图 2-14 接种箱

泡作光源时，最好在箱顶正中开设方孔，安上玻璃，灯泡（热光源）吊装于箱顶外，减少因接种时间过长而引起的箱温升高。箱内应配置酒精灯、酒精消毒棉球、火柴和接种工具。接种箱应放在专用接种室内。保持接种室内相对洁净，这是预防接种污染的有效途径之一。

3）无菌接种室　无菌接种室也是人为创造的一个小型密闭空间，以便于消毒和无菌操作，常用于大量制三级种和栽培袋，是生产上所必需的设施，其设置应紧邻冷却室，结构与大小依生产量而定，其设计是否合理，关系到无菌度的高低。

无菌接种室地面要求干净、墙壁光滑，内部空间要求干燥、密闭。一般有内外两间，外间较小，可作为缓冲间。无菌室门应采用推拉门，内外两间的门应呈对角

线安装，以提高隔离缓冲效果。必要时在内外之间墙壁安装一个投递窗，以便于内外物品传递，减少进出无菌接种室的次数。为了在使用后能排湿、通风，应在顶部设置小型排风扇，扇口加盖密封盖板，可随时启闭。室内的侧面墙壁底部，应设置玻璃纤维过滤进气口，也应加密封盖板，可随时启闭。无菌室使用之前室内空气应尽可能净化，根据无菌接种室（包括缓冲间）空间大小，安装相应大小的紫外线杀菌灯和照明用灯，室内应配备操作台、酒精灯、接种工具、酒精棉球瓶、记号笔等，其他非必需物品尽量不要放置。必须强调的是，无菌室仅能维持相对无菌状态，并非绝对无菌，操作过程中仍然要严格按无菌操作规程进行。

4）接种工具　常用的接种工具（图2-15）有接种铲、接种钩、接种针、接种

图2-15　接种工具

环、接种刀、接种镊和接种勺等，可在专业门店购买。一级种分离时用于切割、挑取组织块，常用接种刀、接种针、接种钩，也可用自行车辐条一端打磨成代用品。孢子分离时孢子悬浊液的涂抹常用接种环。一级种转管、二级种接种常用工具为接种铲和接种锄。三级种接种常用接种勺和接种耙，接种勺可用钢质汤勺打扁，柄焊

接加长代用，接种耙可用钢筋焊接而成。接种镊用于镊取菌种块，接种刀可用于切割菌块。

4. 培养设备

1）培养箱　生产中常用电热恒温培养箱，该培养箱采用电加热，自动控制温度、适温培养。主要用于培育母种和少量原种。

2）培养室　指专门用于培养菌种或菌袋的场所，要求干净、干燥、通风、保温、光线暗。各级菌种和菌袋在接种完毕之后，即移入培养室。

（1）菌种培养室　一般民房都可作为培养室，多少和大小由生产菌种的规模而定，通常为砖木结构或钢筋混凝土结构。水泥地面，以减少尘土，并注意地面隔潮。为了提高保温效果，条件许可时，最好设置推拉门，门边墙体下应设置30厘米²进气口，对面墙上角设排气口。进、排气口应均可开闭，室高度以2.8米为宜。在内

墙壁粘贴挤塑板（保温）。菌种培养室的设备包括照明系统、加热系统、培养架等。

①照明系统。菌丝培养阶段不需要光线，培养室内尽可能全黑暗，仅需一盏照明用的红灯及1～2盏可移动的手持工作灯（以乳白灯泡为优）。

②加热系统。冬季培养室的加温应围绕热源散热均匀、温度能达到自动控制的目的来设置。较为理想的加温是采用暖风机和温度控制器组合构成的可调控加热系统。无论采用何种方法加温，都要注意培养室内空气相对湿度，一般维持在65%～70%，否则会使菌瓶失水过多。

图2-16　菌种培养架

③培养架。培养架的架数、层数、层距要考虑到培养室内空间利用率以及培养物检查方便，材质可用角铁焊制（图2-16）。层板最好用5厘米宽的铺板，窄板间距为1厘米，以保证上下层有较好的对流，使菌种瓶培养过程中产生的呼吸热散发。

（2）菌棒培养室　小型菌棒生产常采用塑料大棚培养菌袋（图2-17），菌袋地面堆叠摆放，由于受温室条件限制不能周年培养生产。大型菌棒厂菌袋培养一般采用温、湿、光、气全智能控制的养菌车间，培养架使用层架或网格架培养菌袋（图2-18），可实现周年化培养生产。

图2-17　塑料大棚培养菌袋

3）刺孔机　刺孔机是香菇栽培袋菌丝发满后，菌袋刺孔增氧的专用设备，市场上常见的有手动刺孔机和电动

图2-18　菌棒网格式培养架

刺孔机2类，结构因厂家不同各异。一般需要2人配合，手动式每天可刺400袋；电动式每天可刺1200袋左右，动力为1.1千瓦中速电动机（图2-19）。

图2-19　电动刺孔机

5. 出菇设备

1）菇棚　菇棚是香菇子实体生长的场所，理想的菇棚是创造一个适宜香菇生长的小环境。菇棚的结构、地理位置、形状等是否合理，直接影响香菇的产量和质量。目前香菇生产中使用的出菇棚多种多样，不同栽培季节和栽培目的对菇棚的要求也不相同，目前常用的出菇棚主要有以下4种：

（1）双层拱棚　钢架骨架，外层脊高3.5米以上、跨度8.5米、长度50米，内层脊高3米、跨度8米、长度50米，双层拱棚上0.5～1.0米加一层遮阴设施。

（2）单层拱棚　水泥骨架或钢管骨架，无后坡脊高3米、长度50米左右、跨度8米左右，拱棚上1～1.5米有两层遮阴设施，两层遮阳网间距30～50厘米。

（3）塑料日光温棚　钢架或水泥骨架，无墙，脊高3.5米以上、长度50米、跨度8米，有保温和遮阴材料覆盖。

（4）中拱棚　钢管或竹木骨架，宽3.6～4.0米，长20米左右，高2.5～3.0米，上有双层遮阴覆盖，两层遮阳网间距30～50厘米。

2）菌袋补水设施　香菇菌袋每茬出菇前，菌袋会因长期培养或出菇散失水分导致培养基水分不足，需给菌袋补水。生产中常用的补水设备有浸泡池、专用补水机、补水针等。

6. 监测设备　常用的监测设备有手持数显温度计（图2-20）、二氧化碳测定仪、光照度计等。目前，大型菌棒厂的菌袋培养室已安装温度、湿度、光照、二氧化碳浓度的监测设备，并实现智能化控制。

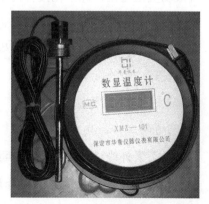

图2-20　数显温度计

三、消毒与灭菌

自然界中的微生物繁殖体无处不在。空气、水、土壤、各种生物和非生物体表面或内部均存在细菌、真菌、病毒等，其中的大多数微生物，如木霉、曲霉等对香菇栽培都是有害的，它们会与香菇菌丝体争夺养分，分泌抗生素，抑制香菇菌丝生长，对香菇生产造成较大的危害。为了能获得香菇纯菌丝体，就必须采用物理或化学的方法进行消毒与灭菌。

（一）消毒

1. 消毒的概念　消毒是运用物理或化学方法杀死空气、水、土壤、各种生物和非生物体表面或内部的细菌、真菌、病毒等大部分对香菇栽培有害的微生物的一种方法，是一种不彻底的灭菌方法。

香菇生产中所讨论的消毒，主要是指对接种空间采用物理或化学方法使飘浮在空间的大部分微生物致死，从而大幅度地降低接种空间的微生物基数，为培养基接种成功奠定基础，即净化接种的空间。同样，采用化学药剂，减少单位体积内培养料的微生物基数，即培养料的消毒；在栽培前为了改善栽培菇棚，尤其是陈年栽培菇棚、旧菌种培养场所的环境卫生条件，即栽培环境空间消毒，也是为了减少食用菌生长环境中的微生物基数。

2. 空间消毒方法

1）物理消毒法

（1）紫外线消毒　紫外线消毒是传统的物理消毒方法之一，常用于接种箱、超净工作台、缓冲室、接种室、培养室的空间消毒净化。紫外线消毒原理是：核酸、核苷酸及其衍生物的分子结构中的嘌呤、嘧啶碱基能够强烈吸收 250 ～ 280 纳米波长的紫外线。核酸的紫外吸收值在 260 纳米波长附近有一个最大吸收峰，在 230 纳米有一个低谷；蛋白质的最大紫外线吸收值在 280 纳米附近。紫外线一旦被活细胞吸收，将使核蛋白结构发生变化，使细胞失去活性。紫外线的杀菌效果与被照射物和紫外灯的距离成反比，距离越远，效果越好；与辐照时间成正比，辐照时间越长，效果越好。紫外线照射空气时产生臭氧，臭氧有特殊的腥臭味，并具有强烈的氧化作用，能破坏微生物的细胞膜与核酸，臭氧也是一种暂态物质，常温下能自然分解，因此无残毒，较环保。如果臭氧浓度过高，就会对人体的呼吸道不利，还会引起头晕，因此，一般在晚上使用。另外，紫外线对细菌消杀效果较好，对霉菌消杀的效果则较差。

（2）臭氧发生器消毒　臭氧发生器消毒是近年来新出现的物理消毒法，主要用于接种箱、空气流动性较差的小环境内的消毒。其灭菌原理与紫外线消杀相似。

（3）空气过滤净化法　随着香菇栽培规模的不断扩大，空气过滤净化方法也逐渐在生产中被广泛采用。空气过滤净化法主要是靠新风系统工作完成对空气的消毒净化。新风系统的工作原理是：新风系统通过增压技术，使室内的空气产生循环，一方面把室内污浊的空气排出室外，另一方面把室外的新鲜空气经过杀菌、消毒、过滤等措施，再输入到室内，让房间里每时每刻都是新鲜干净的空气。使用空气净化只能在密闭室内安装空气净化机。在工作之前 2 小时开机，使室内空气循环净化后使用。

2）化学药剂消毒法

（1）喷雾消毒法　喷雾消毒是一种传统的消毒方法。将接种工具、待接物品及菌种等置入接种箱或接种室后，即可进行。喷雾消毒原理是：用化学药液对接种空间或栽培菇棚等空间进行喷雾，将飘浮的尘埃包裹，在重力作用下沉降，以达到初步净化空间的目的。同时，还可提高空间的空气相对湿度，从而提高后续的物理或化学方法消毒的效果。

常用的化学杀菌剂有 2% ～ 3% 来苏儿水溶液、2% ～ 5% 漂白粉水溶液、0.25% 新洁尔灭水溶液、金星消毒液。这些药剂的空间喷雾量以每立方米不低于 30 毫升为宜。

长期固定使用单一的消毒药剂会逐渐提高杂菌微生物的抗药性，因此，应轮换使用多种消毒剂进行消毒，避免因杂菌产生抗药性而获得理想的空间消毒效果。

（2）熏蒸消毒法　熏蒸消毒法是用气雾消毒盒点燃后产生氯气等熏蒸消毒烟剂

实现对空间消毒的一种方法。气雾消毒盒使用的药剂为白灰色的粉末，是消毒药剂与助燃物质的混合物，有效成分主要有二氯乙氰尿酸钠和二氧化氯。根据消毒对象的密闭程度，每立方米空间使用量为 2 ～ 6 克。用法是将其置于阻燃的敞口容器中，点燃即可生烟。氯气需要与水发生反应产生次氯酸物质才能产生消毒作用，因此，熏蒸前给空间喷雾状水或药剂增湿，熏蒸 30 分以上再进行作业，则会获得更好的消毒效果。现有的气雾消毒剂对常见的杂菌都具有较好的消毒效果。需要注意的是熏蒸消毒法的氯气对于铁等金属腐蚀性较强，应事先做好防腐；氯气的刺激性较大，操作者需要做好防护。

3）空间消毒效果检验　无菌室（箱）应定期进行接种环境空气净化度检验，了解消毒的效果，及时改进、提高接种成品率。

空间消毒效果检验主要采用平板检测法。用培养微生物常规 PDA 培养基制成平板。在接种操作过程中打开平板盖，分别经 15 分、20 分、30 分再盖好，做好标记。其中一只不打开盖子作为对照，置于 32℃ 培养箱培养 3 天，观察菌落数目。按奥格梁斯基计算法计算每立方米空气所含杂菌量，代入公式：每立方米杂菌数 $=1\ 000 \div (A/100 \times t \times 10/5) \times N$。式中，$A$ 为平板面积（厘米^2），t 为暴露于空气中的时间（分），N 为培养后杂菌数。一般要求平板开盖 30 分，菌落数不超过 3 个为合格。

3. 培养料的消毒方法　香菇都是采用熟料栽培的方法，生产中为了减少培养料所携带的微生物量，也常采用添加其他化学药剂和提前发酵进行处理。

（二）灭菌

1. 灭菌的概念　灭菌是指杀灭或清除传播媒介上的所有微生物，使之达到无菌程度。香菇生产中所讨论的灭菌，主要是指对栽培容器内的所有培养基彻底灭菌，接入香菇菌种，培养香菇纯菌丝。因此，做到栽培容器和培养基的彻底灭菌，是香菇栽培成功与否之关键所在。

2. 干热灭菌

1）火焰灭菌法　火焰灭菌法是最彻底的灭菌方法之一，主要用于对接种针等金属接种工具的灭菌。将金属用具直接放在酒精灯火焰上烧灼（图 3-1），烧死附着在接种工具表面的微生物。

操作时，将接种工具的接菌端放在酒精灯火焰的外焰处来回灼烧两三次，冷却

图 3-1 过火灭菌

后使用。如果接种工具在操作中不慎触及其他物体，应重新灼烧灭菌。

2）干热灭菌法

（1）灭菌原理　利用干燥热空气（160～170℃）维持 1～2 小时后，微生物细胞的蛋白质变性，从而达到灭菌的目的。多用于玻璃器具及棉花塞、液体石蜡的灭菌。

（2）操作过程　把能抗干热的器物，如待灭菌的吸管、培养皿、试管、空三角瓶等玻璃器具及棉花塞、液体石蜡等放入灭菌干燥箱内，在 160℃ 下烘烤 2～3 小时，即可达到灭菌目的。灭菌器物预先洗净，晾干后用纸张或布包好。如果是吸管一类，基部则要塞上棉球再包装。吸管等物品包装时，标上记号，以便知道头尾。玻璃培养皿盖必须同向，用报纸包扎或装进金属罐内，注明灭菌日期。空试管及三角瓶都应塞上棉塞。灭菌时先打开箱门，放入包装物，合上电源开关，使箱内温度缓慢上升，然后调节温度至 160℃，保持 1～2 小时（视内容物多少，确定灭菌时间）。

（3）注意要点

☞ 灭菌物在箱内一般不要超过总容量的 2/3，灭菌物之间应留有一定空隙。

☞ 灭菌玻璃皿进箱前应晾干，以免温度升高引起破碎。

☞ 棉花塞、包装纸等易燃物品不能与灭菌干燥箱的铁板接触，否则易引起棉塞或包装纸烤焦。

☞ 不耐高温的塑料制品及带有乳胶部件的器物，应改用其他灭菌法。

☞ 升温时或灭菌物质（非玻璃）有水分要迅速蒸发时，可打开进气孔和排气孔，温度达到所需温度（如 160～170℃）后关闭，使箱内温度一致。

☞ 如不慎灭菌温度超过 180℃ 或因其他原因，烘箱内发生纸或棉花烤焦或燃烧，应先关闭电源，将进气孔、排气孔关闭，令其自行降温到 60℃ 以下，才可打开箱门进行处理。切勿在未断电前开箱或打开气孔，否则会促进燃烧酿成更大的事故。

☞ 正常情况下，灭菌完毕，让其自然降温到 100℃ 后，打开排气孔促其降温，降到 60℃ 以下时，再打开箱门取出灭菌物，以免骤然降温使玻璃器具爆破。

☞ 干热灭菌之后，一旦打开干燥箱门，灭菌物外表和外界接触，难免黏附尘埃，因此要尽快使用。

3. 湿热蒸汽灭菌 湿热蒸汽灭菌是借助水蒸气容易流动,蒸汽具有很强的穿透力,与干热灭菌法相比,更适合进行大批量物体的灭菌。湿热蒸汽灭菌依据使用的温度和气压高低又可分为常压蒸汽灭菌和高压蒸汽灭菌。

1)常压蒸汽灭菌

(1)常压蒸汽灭菌的概念 常压蒸汽灭菌是将待灭菌物放在灭菌器中蒸煮,待灭菌物内外温度都达到100℃时,根据待灭菌物的数量多少维持12～14小时。

常压蒸汽灭菌法适用于大规模种植香菇的栽培袋灭菌,也可用于菌种生产。

(2)常压蒸汽灭菌注意事项

①培养料含水量要适宜。一定要保证待灭菌的培养料吸水充分,含水量适宜。培养料要提前2～3天预湿、翻拌,使培养料吸水均匀一致,含水量控制在60%左右,才能获得满意的灭菌效果。

②当天拌料、当天装袋、当天灭菌。香菇培养料一旦加入麦麸等辅助材料,基质中存在的众多休眠微生物就会很快恢复活性,加速繁殖。气温越高,繁殖越快。装袋时间拖延过久,就会导致培养料的酸败,灭菌也难彻底。因此,香菇制袋一定要做到"当天拌料、当天装袋、当天灭菌",以便控制培养料的酸败。在高温季节配制培养料时,可根据原材料的具体情况添加生石灰粉,调节培养料的 pH 为 7.0～7.5,也可减缓微生物的繁殖量,降低培养料的酸败速度。

③料袋(棒)装锅留缝。湿热蒸汽灭菌主要是靠热水蒸气能在袋(棒)间隙循环流动,才能使料袋(棒)受热均匀,达到彻底灭菌的目的。因此,香菇料袋灭菌最好

图3-2 层架灭菌

采用层架灭菌,保证袋与袋之间留有缝隙(图3-2),蒸汽能顺利流动。如果采用简易灭菌包灭菌时,料袋(棒)装锅时,料袋(棒)之间一定留足间隙,防止被堵塞,湿热蒸汽难以穿透,受热不均,影响灭菌的效果。

④灭菌量不宜过大。常压灭菌时,一次灭菌数量不宜过大,一般每次灭菌5 000～6 000袋最好,或者在4～6小时内,能保证最下层料袋的中心温度

达 100℃。

2）高压蒸汽灭菌

（1）高压蒸汽灭菌的概念　高压蒸汽灭菌是将待灭菌物放在灭菌器中蒸煮，待灭菌物内外温度都达到 126℃ 时，维持 2 ～ 3 小时。压力越大，温度越高，灭菌时间则可相应缩短。

高压蒸汽灭菌法灭菌时间短，适用于工厂化和大规模种植香菇的栽培袋灭菌。菌种生产最好使用高压蒸汽灭菌。

（2）高压蒸汽灭菌注意事项

①锅内的冷空气要排干净。高压灭菌时，应尽可能地将锅体内和栽培袋内的冷空气彻底排尽，以防造成假压现象。压力表上看到的气压要比灭菌锅内的真实气压要低得多，导致高压灭菌不彻底。所以，高压灭菌锅（图 3-3）的排气速度要慢，控制锅内温度 60 ～ 80℃ 并至少维持 45 分。

图 3-3　高压灭菌锅

②灭菌时间要适宜。高压灭菌的压力、温度、时间选择要适宜，压力、温度过低，灭菌时间不够长，会导致灭菌不彻底；灭菌压力、温度过高，灭菌超时则会造成培养基营养成分破坏。因此，不同类型的培养基加热温度和受热时间应区别对待，这是进行高压灭菌前所要考虑的因素。

③层架灭菌。高压灭菌一定要分层摆放，利于蒸汽流通，达到彻底灭菌的目的。

四、菌种的制作及保存

　　菌种是香菇生产必备的生产资料，选用品质优良的菌种是保证香菇生产获得优质、高产、高效的基础条件之一。优良的菌种应具有种性好、纯度高以及菌龄适宜等特征。种性好，是要求菌种本身具有理想的遗传性状，对环境适应性强，优质、高产、稳产、抗逆性强；纯度高，是指菌种生产过程中要严格按照操作规程进行，防止其他有害微生物和害虫的侵染，保证菌种中不隐藏任何有害生物；菌龄适宜，是要求在菌种生活力最强的时间用于扩接下一级菌种或用于栽培生产。

　　生产中如果没有优良的菌种，再好的栽培技术也不可能得到理想的经济效益。选用高产优质的良种，配合科学的生产管理技术，则可以达到事半功倍的效果，投入同样的人力物力便可达到更大的收获，所以，育种和制种工作者应不断提高育种和制种技术，为广大菇农提供品质优良的菌种。

（一）香菇菌种的概念及分级

　　1. 香菇菌种的概念　香菇菌种是指生长在适宜基质上具结实性的香菇菌丝纯培养物，通过生产试验验证应具有特异性、一致性、稳定性且丰产性好、抗性强的香菇菌株或品种。

　　目前，生产中常用的香菇菌种有固体菌种和液体菌种两种。固体菌种是用富含木质素、纤维素和淀粉等天然有机物为主要原料的固体培养基培养而成的纯菌丝体，固体菌种因制作相对简单，储运方便被大部分生产者采用；液体菌种是采用与母种培养基成分相同但不加琼脂的液体培养基培养而成的纯双核菌丝体，液体菌种生产设备复杂、保存期短，但生产周期短，目前有部分大型工厂化制棒企业采用。

　　鉴别香菇菌种或品种优劣的重要标准之一是香菇的品种特性。一般选择菌丝浓密洁白、分布均匀、丰产性好、抗性强的香菇菌种。优良的香菇菌种加上科学的生产管理技术，会给菇农或企业带来高产量、高收益。

2. 香菇菌种的分级　生产中香菇菌种通常采用三级繁育体系，即：母种（一级种）、原种（二级种）、栽培种（三级种）。

1）母种　经分离、杂交、诱变等各种选育方法得到的结实性菌丝纯培养物及其继代培养物，又称为一级种（图4-1）。在无菌条件下，香菇子实体组织分离或孢子分离接入含有新鲜培养基的试管或培养皿中，培育成母种。原始母种转扩一次而成的母种称为一级母种，一级母种再转扩一次而成的母种称为二级母种。生产中常用试管母种生产原种，培养皿常用于母种繁育及鉴定等。一支斜面试管母种一般转接4～6瓶原种。

图4-1　母种

2）原种　原种由母种转扩而成，又称为二级种（图4-2）。其培养基质有棉籽壳、麦粒、玉米粒、玉米芯、木屑等。原种主要用于扩接三级栽培种，木屑原种也可以直接用于生产栽培，但由于转扩倍数小，若用于生产，则成本过高，只有繁殖成三级种后，才能适应生产的需要。

图4-2　原种

图4-3　栽培种

3）栽培种　栽培种由原种转扩而成，又称为三级种（图4-3）。生产中常用木屑培养基制备栽培种，只能用于栽培，不可再次扩大繁殖菌种。通常一瓶原种扩接40～60瓶或20～25袋栽培种。

（二）母种的制作

1. 香菇母种培养基的制备

1）常用培养基配方

（1）PDA培养基（马铃薯葡萄糖琼脂培养基） 马铃薯（去皮）200克（用浸出液），葡萄糖20克，琼脂20克，水1 000毫升。

（2）CPDA培养基（综合马铃薯葡萄糖琼脂培养基） 马铃薯（去皮）200克（用浸出液），葡萄糖20克，磷酸二氢钾2微克，硫酸镁0.5微克，琼脂20克，水1 000毫升。

（3）马铃薯、葡萄糖、蛋白胨、琼脂培养基 马铃薯（去皮）200克（用浸出液），葡萄糖20克，琼脂20克，蛋白胨10克，水1 000毫升。

2）母种培养基的配制方法

①将马铃薯清洗干净并去皮，称量200克，切成薄片，放入蒸煮锅中。锅内加水1 000毫升，加热煮沸20 ~ 30分，使马铃薯熟而不烂为宜（图4-4）。

②用4层纱布过滤马铃薯汁液（图4-5），在滤液中加入20克琼脂，继续加热至琼脂完全熔化，为防止焦底，需边加热边搅拌，大约需15分。

图4-4 马铃薯煮熟

图4-5 过滤

③随后将称量好的葡萄糖、磷酸二氢钾、硫酸镁等物质加入，补充水分至1 000毫升，充分搅拌均匀。加糖后加热时间不宜过久，否则会发生糖焦化反应，引起培养基变质。

④分装试管（图4-6），在分装过程中要注意培养液的保温。每管装入量为试管长度的1/5，一般8 ~ 10毫升，试管口或外壁上的培养液应用干净纱布及时擦净。

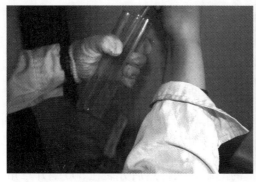

图 4-6　分装试管　　　　　　　　　　　图 4-7　塞棉塞

加制棉塞或者商业的硅胶试管塞，加入试管的棉塞应用较高等级的棉花，棉塞的大小应与试管口径相适宜，塞入长度占棉塞长度的 2/3，松紧度要适中，既能保证通气，又可防止污染（图 4-7）。松紧度以用手捏住棉塞，试管不能往下掉，稍用力才能将棉塞拔掉为宜。棉塞应光滑圆润，防止大头小尾，或者没有棉塞头。加装好棉塞或者硅胶试管塞的试管用皮筋系好，试管口棉塞上面用防水纸或报纸包扎好，试管口向上竖直放入手提式高压锅的内桶里。

⑤培养基灭菌，采用高压灭菌。放入试管或三角瓶后，将锅盖盖好，上锅盖的紧固螺丝时，要左右对称同时旋紧，确认密封严实为止。注意使用前一定要在锅内加足量的水。压力一般为 0.14 ~ 0.17 兆帕，此时锅内的温度可达 124 ~ 128℃，在此压力和温度下保持 25 ~ 30 分。待灭菌锅压力降到 0 时，打开排气阀，随后打开锅盖，将锅盖打开一小缝，使热蒸汽逸出，停 3 ~ 5 分后再打开锅盖，利用锅体的余热将棉塞烘干，防止棉塞受潮。

⑥试管培养基摆斜面。试管需趁热摆斜面（图 4-8），当培养基温度降至 60℃左右时，及时将试管摆成斜面。将试管逐支斜卧摆放在支撑架上，使试管内培养基的长度为总长度的 3/5 左右。摆放时注意试管的斜面要均匀一致。试管冷却后检查有无污染，及时收起以备用。收集时要使培养基斜面向上并平放，防止试管内培养基滑动、旋转或断裂。

图 4-8　摆斜面

图 4-9 平板培养基

3）平板培养基的配制方法 若需开展单孢子分离、测定菌丝生长速度、观察菌落的形态、拮抗实验、测定接种空间杂菌数等工作，则需制备平板培养基（图 4-9）。

①培养基制备参照母种试管培养基的配制方法，然后分装在 500 毫升三角瓶，每瓶装入量为 200 毫升，加棉花筛，高压灭菌备用。

②将培养皿洗净、干燥，使各培养皿皿盖方向一致，每 10 个培养皿用牛皮纸包好，注明皿盖的方向，以方便取用，高压灭菌或干燥灭菌后备用。

③将灭菌后的培养皿放入无菌箱或超净工作台内，同时进行消毒处理。随后放入灭菌后尚未凝固的培养基三角瓶或凝固后微波炉加热融化的培养基三角瓶（微波炉加热时要密切观察防止培养基气化顶开棉花塞），放入前三角瓶的培养基已降温至 40 ~ 50℃。

④点燃酒精灯，在酒精灯火焰附近，略打开灭菌过的培养皿口一小缝，倒入 20 毫升培养基（厚度一般为 0.5 厘米），封盖，冷凝。冷凝后的培养皿倒置，以防培养基表面龟裂和染菌。

2. 香菇母种的分离 在生产实践中，香菇母种的分离方法一般采用孢子分离法、组织分离法和基内分离法。其中，孢子分离法含有有性繁殖的过程，组织分离法和基内菌丝分离法是无性繁殖的过程。基内菌丝分离法操作比较复杂，生产上很少使用，本书只具体介绍孢子分离法和组织分离法。

1）孢子分离法 利用香菇的成熟有性孢子萌发成菌丝，培育成菌种的方法。分为单孢分离法和多孢分离法。单孢分离法是每次或每支试管只取单个孢子萌发成菌丝体来获取纯菌株的方法，工艺复杂，常用于杂交育种，生产上不使用；多孢分离法是将多种成熟的孢子接种在同一培养基中，让其萌发、自由交配来获得纯菌株的方法。此方法获得的菌株生长旺盛，香菇生产一般采用多孢分离法。

（1）培养基准备 多孢分离法一般采用 PDA 平板培养基。将三角瓶中培养基用微波炉加热至培养基完全熔化，放置紫外灭菌后的超净工作台中，继续紫外线灭菌 15 分，待三角瓶培养基冷却至刚好不烫手时，及时倒平板。

（2）香菇种菇选择　选择某一品种朵形好、长势旺盛的优质香菇子实体，从中选择菌盖完整、接近成熟的单个菌盖，去掉菌柄。

（3）种菇消毒　在接种箱（室）内或超净工作台上进行操作，用镊子夹着种菇，放入70%乙醇内浸5分，以杀死种菇表层上的杂菌，然后用无菌纱布吸干水分。

（4）孢子收集　在接种箱或无菌超净工作台上无菌操作。点燃酒精灯，超净工作台中放置一个灭过菌的空培养皿。用细铁丝将消过毒的去柄香菇菌褶朝下悬吊或直接放置在培养皿上，然后封盖放置20小时，弹射的香菇孢子能够落在培养皿上形成明显的孢子印。

（5）接种　在接种箱或无菌超净工作台上无菌操作，操作人员要先将手和工具用酒精棉球反复擦拭。点燃酒精灯，将接种针顶端烧红，并将整支接种棒过火几次，将有孢子印的培养皿和待接种PDA培养皿打开一条小缝，将烧过的接种针放入培养基内降温后迅速蘸取少量孢子接种至PDA平板培养基中，然后封盖。注意使用的PDA平板培养基不宜放置时间过长，应在有少量冷凝水时就使用，避免因培养基缺水而导致接种的孢子不萌发。

（6）培养菌丝　将接种好的培养皿置于恒温培养箱中，在25℃左右的温度条件下培养。孢子在适宜的温度下开始萌发，正常情况下5～7天，培养基上的孢子开始萌发成菌丝，当菌丝生长到一定量时，选择孢子萌发快、长势良好的菌落转接到母种试管上，试管上长好的菌丝即可作为香菇的母种，在生产上转扩应用或保存。

2）组织分离法　是利用子实体的组织块，在适宜的培养基和生长条件下分离、培育纯菌株的方法（图4-10）。此法操作简单，遗传稳定性好，后代能够保持原菌株的优良性，不易发生变异，是实际生产中最常用的母种获取方法。

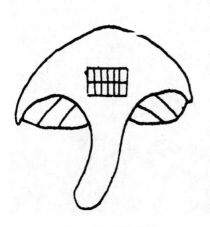

图4-10 组织分离

（1）培养基准备　组织分离法一般采用PDA试管斜面培养基。

（2）香菇种菇选择　选择朵大盖厚、柄短、八九成熟且未开伞的子实体。

（3）种菇消毒　在接种箱（室）内或超净工作台上进行操作，用镊子夹着种菇，放入70%乙醇内浸5分，以杀死种菇表层上的杂菌，然后用无菌纱布吸干水分。

（4）组织分离接种　在接种箱或无菌超净工

作台上无菌操作。操作人员要先将手和工具用酒精棉球反复擦拭。点燃酒精灯，将接种针顶端烧红，并将整支接种棒和解剖刀过火几次，把待接种培养基试管管口置于酒精灯火焰上方无菌区拔掉试管塞，将解剖刀和接种钩放入试管培养基内降温后，快速从菌盖和菌柄结合处取一黄豆大小的组织块放入 PDA 试管斜面培养基中，用棉塞或硅胶塞经火焰灼烧后迅速封闭试管口，即完成一支原始母种接种。一般一个种菇可分离 3～6 支原始试管母种。

（5）菌种培养　将接种好的试管放于恒温培养箱中培养，温度设置为 25℃，培养 5 天左右便会看到白色绒毛状菌丝，继续培养，待菌丝长到斜面一半时即可进行提纯复壮。

3）基内分离法　从食用菌生长基质中分离选择获得纯菌株的方法，如野生菌可将土壤、木材等作为菌丝材料进行分离。此法操作复杂，易感染杂菌，生产上很少使用。

4）香菇母种的转扩与培养　分离后的母种叫原始母种，原始母种转扩一次培育而成的母种叫一级母种，一级母种转扩后培育而成的母种叫二级母种，大面积生产时母种的转扩不宜超过五代。

（1）挑选优质母种　选择母种菌丝要洁白、浓密、无杂菌感染，培养基不能失水萎缩，在冰箱中保存的母种要提前 3 天移出，在室温下使菌丝活化。

（2）培养基准备　一般采用试管 PDA 培养基，将提前灭菌彻底、无污染、凝固好的培养基准备好。

（3）母种转扩的设备　母种转扩必须在无菌的环境下进行，常采用接种箱或超净工作台进行转接。

（4）准备与消毒　将培养基试管、要转扩的母种以及接种所需的工具和用品，放入接种箱中或超净工作台上，接种前 30 分,用杀菌剂进行环境消毒。

（5）母种的转扩　接种时操作人员要先将手和工具用酒精棉球反复擦拭，点燃酒精灯，将接种针顶端烧红，并将整支接种棒过火几次。将接种针靠在母种试管内壁冷却，冷却后再伸

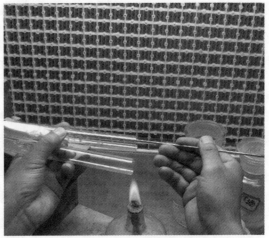

图 4-11　母种转接

入到试管内进行母种的转接（图4-11）。首先用接种针挑取2毫米大小基内菌丝琼脂块，然后迅速移入新鲜培养基试管的斜面上，菌种放置在斜面上方的中央处。注意取母种菌丝块时，连带的培养基厚度一般在2毫米左右为宜。整个操作过程试管的位置要始终在酒精灯火焰上方的无菌区，在超净工作台上转扩母种时，试管口要始终在灯焰的前方。

（6）培育菌丝　一支母种可扩接30～40支试管，转接完毕后，10支试管捆成一把，包上一层报纸，用记号笔在试管上或者报纸上标明品种名称及接种日期，倾斜30°放入恒温培养箱中培育菌丝。控制温度在25℃左右，两天后即可见到菌种块上萌发新的香菇菌丝，8～15天菌丝就可长满试管（图4-12）。

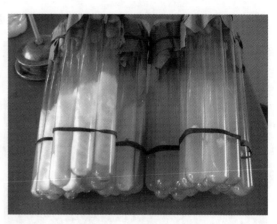

图4-12　母种菌丝培养

（三）原种的制作

香菇的母种菌丝体转接到木屑、棉籽壳、玉米芯、麦粒或其他营养物质配制好的培养料上，制成的菌种叫作原种。

1. 容器的选择　香菇原种常用的容器有广口玻璃瓶和食用菌专用袋，玻璃瓶有750毫升标准菌种瓶、罐头瓶、盐水瓶、酒瓶；盐水瓶和酒瓶因瓶口较小，只适用于培育木屑或麦粒菌种。食用菌专用袋为食品可接触聚丙烯塑料袋，一般原种使用规格为15厘米×33厘米×0.005厘米。

2. 培养基质配方

（1）木屑培养基　阔叶树木屑78%，麦麸20%，糖1%，石膏1%，含水量58%±2%。

（2）木屑棉籽壳培养基　阔叶树木屑63%，棉籽壳15%，麦麸20%，糖1%，石膏1%，含水量58%±2%。

（3）木屑玉米芯培养基　阔叶树木屑63%，玉米芯粉15%，麦麸20%，糖1%，石膏1%，含水量58%±2%。

（4）麦粒培养基 麦粒100千克，碳酸钙1千克，生石灰1千克，糖1千克。麦粒用水浸泡10～12小时，煮熟晾至无水流出后加入辅料，煮麦以麦粒无白心时为宜。

3. 装瓶或装袋 将配好的培养料加水后充分拌匀，放置30分左右，即可开始分装，不宜放置过久。尤其在夏天，培养料配制后放置时间过长，易泛酸、发臭。菌种瓶洗净控干后装入适量的培养料，装瓶要求上紧下松，以保证菌丝长至瓶料下部时不缺氧。用菌种瓶装麦粒时，装量以瓶的1/2或2/3为宜，过多则灭菌后培养料易沾染棉塞引起污染。装袋时要求料装到袋高2/3处，将料面弄平，边装边压紧，上下松紧要适宜，装料松紧度要达到手按料袋有弹性（图4-13）。

图4-13 原种装瓶

4. 洗涤或擦拭 填料后的菌种瓶或者料袋口应马上进行洗涤或擦拭，否则易造成污染。洗净或擦拭后，置地面晾干。

5. 加塞棉塞或套环 培养基分装后，在瓶口塞上棉塞，或者在袋上套上套环并盖上无棉盖，即避免杂菌污染，又有一定的透气性，满足接种后菌丝在蔓延过程中对氧的需求（图4-14）。

图4-14 封口

6. 灭菌

（1）高压蒸汽灭菌 在0.15兆帕的压力下，灭菌温度保持126℃，保持90～120分，将培养料中的各种杂菌彻底杀死。木屑料一般要求灭菌90分，麦粒培养料灭菌则需90～120分。

（2）常压蒸汽灭菌 锅内温度达到100℃，保持12～24小时，麦粒菌种的灭菌时间要相应延长。制作麦粒菌种时，不宜采用常压灭菌方法。

7. 接种与养菌 灭过菌的菌种瓶或者料袋应放在干净的室内，利用接种箱、接种室或超净工作台进行接种，原种的制作一般都利用接种箱接种，有条件的原种制作可利用超净工作台接种。

（1）接种箱或超净工作台的消毒　将冷却好的菌种瓶移放在接种箱内，所需物品、工具要放入箱内或者工作台。接种箱需要用甲醛和高锰酸钾混合熏蒸消毒30分，或用气雾消毒剂熏蒸30分。若超净工作台应打开紫外线杀菌灯照射30分。

（2）原种的扩接　接种操作时先将手及工具用75%的酒精棉球反复涂擦消毒；点燃酒精灯，用左手平握母种试管（或将试管水平固定在支架上），拔掉母种棉塞或试管塞，保持试管口始终处于酒精灯火焰上方无菌区；右手拿接种工具，将接种工具在灯焰充分灼烧，冷却后伸入母种试管内。斜面上端1厘米左右的菌丝培养基划去不用，将试管内香菇菌丝培养基分成4~6小块，拔掉瓶口棉塞，在酒精灯火焰附近快速将一小块母种块移入接种瓶或接种袋内，使母种块上培养基与新鲜料面接触，快速将棉塞在灯焰上过一下火塞入瓶口，然后接下一瓶原种（图4-15）。接种过程需要速度快，尽量减少菌种瓶口暴露的时间，防止杂菌侵入。接种完一批原种后，用记号笔标记菌种名称、生产日期或者贴上标有菌种名称、生产日期的标签。

图4-15　原种接种

（3）培养菌丝　将接好的原种瓶或原种袋移出接种箱或超净工作台，放置于培养室内。培养菌丝期间要求培养室干燥、黑暗、通风良好，温度在20~26℃保持基本恒定。一般接种3天后母种块就会萌发，7~8天菌丝开始吃料生长，30~40天香菇菌丝就可长满原种瓶或者原种袋。

培养期间要注意经常观察菌丝生长情况，发现杂菌感染要及时挑出并做妥善处理。

（四）栽培种的制作

香菇的原种再转接到相同的或不同的培养基上进行扩大培养，即可得到栽培种。由于塑料袋成本低、使用方便，因此生产中常采用塑料袋制作栽培种。

1. 塑料袋的种类与规格　高压灭菌多采用聚丙烯原料的塑料袋，可耐高温

130℃，规格一般宽 15 ~ 17 厘米、长 30 ~ 35 厘米、厚度 0.04 ~ 0.05 毫米。常压灭菌多采用高密度聚乙烯塑料袋，规格与聚丙烯相同。

2. 栽培种基质配方　原种基质配方基本都可以用于栽培种基质的配制，一般不采用麦粒培养基，常用木屑培养基，比例为阔叶树木屑 78%，麦麸 20%，糖 1%，石膏 1%，含水量 58% ± 2%。

3. 装袋灭菌　与原种基质的装袋方法相同。培养料装至塑料袋剩 5 厘米左右时，用力将料面压平加实，用细绳或尼龙草扎成活结或者使用专用套环进行扎口。也可装好料后，在袋中间插一适当长度的塑料菌签，加上套环盖上无棉盖，或塞上棉塞，灭菌方法与原种相同，注意菌袋在锅内摆放宜疏松，保证蒸汽通畅，灭菌时间比菌种瓶要适当延长。

4. 接种与养菌　栽培种接种一般在接种箱或接种室内进行。准备工作与接原种时相同，解开扎口或者套环，进行接种。有菌签的，拔掉菌签，在孔中接入菌种，然后封口，这样发菌更快些（图 4-16）。每瓶原种可扩接栽培种 20 ~ 25 袋。接种后在袋上标明菌种名称和生产日期。

图片 4-16　栽培种接种

栽培种培养菌丝与原种培养菌丝条件基本相同。

5. 菌种生产时间的安排　香菇菌种生产时间的安排应根据栽培时间而决定。根据香菇母种、原种、栽培种三级菌种的生产周期，参考所要栽培的时间，从而可以推算出不同级别菌种的生产期。母种应在原种制作期前 10 ~ 15 天进行，原种应在栽培种制作期前 30 天左右进行，栽培种应在生产期前 30 ~ 35 天进行制作。对于根据自然季节进行栽培的，菌种生产时间安排一般根据香菇栽培季节的安排而确定。

（1）秋季栽培　根据河南省各地的自然气候特点，一般应在 5 ~ 7 月生产母种，6 ~ 9 月生产原种，7 ~ 10 月生产栽培种，8 ~ 11 月生产菌袋。

（2）春季栽培　根据河南省各地的自然气候特点，一般应在 8 ~ 9 月生产母种，9 ~ 11 月生产原种，11 ~ 12 月生产栽培种，12 月至翌年 4 月生产菌袋。

（3）夏季栽培　根据河南省各地的自然气候特点，一般应在 6 ~ 9 月生产母种，

8～10月生产原种，10～12月生产栽培种，11月至翌年3月生产菌袋。

（五）香菇菌种质量要求

优质的菌种是食用菌产量与质量的基础保障，关系到广大栽培者的利益。优质香菇菌种必须同时具备高产、优质、抗逆性强，以及菌丝生命力强、无杂菌、无虫害的特性。

1. 菌种质量标准

1）菌种感官要求　无论是母种、原种还是栽培种，感官要求菌丝纯白色、粗壮，呈绒毛状。试管母种菌丝应平伏生长，生长速度为每日0.7厘米±0.2厘米。满管后，略有爬壁现象。各级菌种感官标准应符合表4-1规定。

表4-1　菌种感官标准

项目		要求
容器		完整，无损
棉塞或试管塞		干燥、洁净、松紧适度，能满足透气和滤菌要求
培养基灌入量		为试管总容积的1/5～1/4
母种培养基斜面长度		顶端距棉塞40～50毫米
原种或栽培种培养基上表面距瓶（袋）口的距离		50毫米±5毫米
母种接种量（接种块大小）		（3～5）毫米×（3～5）毫米
接种量（每支母种接原种数，接种物大小）		（4～6）瓶（袋），≥12毫米×15毫米
菌种外观	菌丝生长量	长满斜面或容器
	菌丝体特征	洁白浓密、棉毛状
	菌丝体表面	均匀、平整、无角变
	菌丝分泌物	无或有少量深黄色至棕褐色水珠
	菌落边缘	整齐
	杂菌菌落	无
斜面背面外观		培养基不干缩，颜色均匀、无暗斑、无色素
气味		有香菇菌种特有的香味，无酸、臭、霉等异味

2）菌种微生物学要求　各级菌种微生物学要求应符合表4-2规定。

表4-2　微生物学要求

项目	要求
菌丝生长状态	粗壮，丰满，均匀
锁状联合	有
杂菌	无

2.微生物学检验

1）显微镜检验　表4-2中菌丝生长状态和锁状联合用光学显微镜对培养物的爬片进行观察，每一检样应观察不少于50个视野。

2）细菌检验　取少量疑有细菌污染的培养物，按无菌操作接种于规定的营养肉汤培养液中，25～28℃振荡培养1～2天，观察培养液是否混浊。培养液混浊，为有细菌污染；培养液澄清，为无细菌污染。

3）霉菌检验　取少量疑有霉菌污染的培养物，按无菌操作接种于规定的PDA培养基中，25～28℃培养5～7天，菌落出现白色以外的杂菌者，或有异味者为霉菌污染物。

3.菌丝生长速度

1）母种　利用PDA培养基，每一接种块大小一致，接种后，24℃±1℃恒温暗室培养，计算长满所需天数。

2）原种和栽培种　按规定的配方任选之一，将培养基装入18毫米×18毫米试管，装料长度一致，距试管口2厘米高，各试管松紧一致，灭菌接种后，在24℃±1℃恒温暗室培养，当菌种块开始复活后并向下延伸1厘米左右时，统一画线，之后每隔一定时间画线，计算测定菌丝生长速度。

4.母种农艺性状和商品性状　将被检母种制成原种，采用规定的培养基配方，制作菌棒45根。接种后，分三组进行常规管理，根据要求做好栽培记录（表4-3），统计检验结果。同时将该母种的发出菌株设为对照，亦做同样处理。对比二者的检验结果，以时间计的检验项目中，被检母种的任何一项时间较对照菌株推迟5天以上（含5天）者，为不合格；产量显著低于对照菌株者，为不合格；菇体外观形态与对照明显不同或畸形者为不合格。

表4-3　母种栽培中农艺性状和商品性状检验记录

检验项目	检验结果	检验项目	检验结果
母种长满所需时间（天）		平均单产（千克/米^2）	
原种长满所需时间（天）		总生物学效率（%）	
栽培种长满培养基料面所需时间（天）		第一潮菇菇蕾数	
出第一潮菇所需时间（天）		第一潮菇菇形、色泽、质地	
第一潮菇生物学效率（%）		菇盖直径、菌柄长短（毫米）	

（六）菌种的保存、退化与复壮

1. 菌种保存　菌种保存的原理是通过低温、干燥、缺氧、饥饿等手段来降低菌丝体的新陈代谢作用，从而保持菌种在生理、形态、遗传上的稳定性。食用菌常用的保存方法有继代保存法、矿物油保存法、安瓿瓶保存孢子法、液氮超低温保存法等。其中，继代保存法和矿物油保存法较简便，不需要较多的设备。矿物油保存法是一般生产科研单位保存菌种的最基本方法。在此，仅详细说明继代保存法、矿物油保存法和液氮超低温保存法。

1）继代保存法　继代保存法能够保存菌株3～6个月，之后需要重新保存，进行菌丝前端切割，移植到新的培养基上，待菌丝蔓延一段时间后在稍低温度环境下保存，一般为4～6℃。保存菌株时需要选择合适的培养基和温度。所保存的菌种在使用时需从冰箱提前12～24小时取出，经适温培养恢复活力后，方可转管移接。

2）矿物油保存法　矿物油保存法是将液状石蜡油加入欲保存菌株的斜面。液状石蜡油先进行121℃、1小时高压灭菌，再经150～170℃下干热1小时，完全除去石蜡油中的水分，石蜡呈透明状为止，从干燥箱中取出，冷却至室温。使用时将无菌液状石蜡油倒入保存菌种的试管，至离琼脂上部1厘米处竖立保存。注入过多时，保存后成活率低，反之，琼脂斜面易干燥。用液状石蜡油保存的菌种欲使用时，不必倒去石蜡油，只要用接种铲从斜面上铲取一小块菌丝块，原管仍可以重新封蜡继续保存。注意刚从液状石蜡菌种中移出的菌丝体常沾有石蜡油，活力较弱，要再移植一次，方能恢复正常生长。采用液状石蜡油保存不宜放在3～6℃的低温中，否则多数菌丝易死亡，应以10℃以上的室温保存为宜。

3）液氮超低温保存法　液态氮超低温保存法是将菌种用－196～－150℃液

氮冻结，获得了较满意的保存效果。液态氮保存菌种时，菌种不易死亡，是由于液氮降温极快，冷冻时菌体溶液中的水分来不及形成冰晶，停止了菌类新陈代谢活动，不会破坏菌类细胞结构。当被迅速融化时，其细胞将逐渐恢复活力，从而达到保种目的。然而液氮保藏的设备因价格昂贵，仅在一些科研单位使用。

2. 菌种的退化　菌种在正常培养或储藏过程中，由于菌丝体的遗传物质发生变异，而在传代过程中出现某些原有优良生产性状的劣化、遗传标记的丢失等现象，如菌丝体生长缓慢、长势稀疏、生长不整齐、对杂菌或外部环境等的抵抗力下降、生活力衰退、出菇迟、产量降低等。导致菌种退化的原因有以下几方面。

1）有关基因发生负突变　菌种衰退的主要原因是有关基因的负突变。菌种在传代过程中会发生自发突变。虽然自发突变的概率很低，一般为（10～6）~（10～9），尤其是对于某一特定基因来说，突变频率更低。但是随着传代次数增加，衰退细胞的数目就会不断增加，在数量上逐渐占优势，最终成为一株衰退的菌株。也就是传代的次数越多，发生的自我突变频率增高，引起菌种退化的可能性就越大。

2）表型延迟造成菌种衰退　表型延迟现象也会造成菌种衰退。群体中个别的衰退型细胞数量增加并占据优势越快，致使群体表型出现衰退。

3）培养和保藏条件不当　培养和保藏条件不合适是加速菌种衰退的另一个重要原因。不良的培养条件（如营养成分、温度、湿度、pH、通气量等）和储藏条件（如营养、含水量、温度、时间、氧气等），不仅会诱发衰退型细胞的出现，还会促进衰退细胞迅速繁殖，在数量上大大超过正常细胞，造成菌种衰退。

4）防止菌种退化的措施

（1）合理培养　在菌种转管时尽量防止和减少品种间的混杂，保证菌种的纯度；不要近距离培养菌种；要保持优良菌种的遗传稳定性，应加强菌种的隔离。

（2）选用合适的培养基　给菌种选择合适的培养基，营养条件适宜，菌种能够生长苗壮，营养条件过于丰富或者不足，则会引起菌种的退化。

（3）创造良好的培养条件　在生产实践中，创造和发现一个适合原种生长的条件可以防止菌种退化，如低温、干燥、缺氧等。

（4）控制传代次数　尽量避免不必要的移种和传代，把必要的传代降到最低水平，以减少自发突发的概率。菌种传代次数越多，产生突变的概率就越高，菌种发生退化的机会就越多。因此必须严格控制菌种的传代次数，并根据菌种保藏方法的不同，确立恰当的移种传代的时间间隔。

（5）采用有效的菌种保藏方法　一般的微生物菌种，其主要性状都属于数量性状，而这类性状恰是最容易退化的。因此，有必要研究和制定出更有效的菌种保藏方法以防止菌种退化。

（6）定期分离菌种　生产上无性繁殖会保持菌种的优良性状，但是过多的无性繁殖会引起菌种的优良性状发生衰退。利用有性生殖发现优良菌株，可将无性繁殖和有性繁殖有计划地交替使用，定期进行菌种分离，可使衰退菌种得到有效恢复，是防止菌种衰退的有效方法。

3. 菌种的复壮　使衰退的菌种恢复原来优良性状就是菌种复壮。狭义的复壮是指在菌种已发生衰退的情况下，通过纯种分离和生产性能测定等方法，从衰退的群体中找出未衰退的个体，以达到恢复该菌原有典型性状的措施。广义的复壮是指在菌种的生产性能未衰退前就有意识地经常进行纯种的分离和生产性能测定工作，以期菌种的生产性能逐步提高。实际上是利用自发突变（正变）不断地从生产中选种。复壮方法有以下几种。

1）纯种分离　把仍保持原有典型优良性状的单细胞分离出来，采用平板画线分离法、稀释平板法或涂布法，经扩大培养恢复原菌株的典型优良性状，若能进行性能测定则更好。

2）组织分离　生产中选择具本品种优良性状的幼嫩子实体进行组织分离，重新获得生长旺盛、活力强的双核菌丝。生产上常用此方法，操作简单，周期短。

3）适当更换培养基　在原有培养基中增加富营养物质，如酵母膏、麦芽汁、氨基酸类物质或维生素等，刺激菌丝生长，提高菌种活力。

4）纯化培养　挑取菌丝体尖端健壮部分，进行纯化培养，以保持菌种的纯度，使菌种恢复原来的生活力和优良性状。

五、香菇袋栽的主要模式

（一）香菇袋栽

将代用料（如木屑、棉籽壳、玉米芯等农副产品废弃物和工业下脚料，如蔗渣、酒糟等）装入特制的塑料袋中，用以栽培香菇的形式称之为香菇塑料袋栽培，简称香菇袋栽或袋栽香菇。香菇袋栽的工艺流程一般为：配料→拌料→装袋→灭菌→接种→养菌→转色→出菇。装好培养料的袋子在接种前称为料袋，接好种后称为菌袋或菌棒。

（二）香菇袋栽的优势

同传统香菇栽培相比有以下三方面优势：第一是生产周期更短，香菇袋栽生产周期一般为 8 ~ 10 个月，而传统香菇栽培生产周期为 3 ~ 5 年；第二是生物转化率更高，香菇袋栽生物转化率可达到 80% ~ 100%，传统香菇栽培生物转化率一般为 40%，极大地提高了原料的利用率，减少了林木资源的浪费；第三是原料来源广泛、打破了传统栽培区域限制，香菇袋栽可以利用各种经济林修剪枝木屑和棉籽壳、玉米芯等农副产品废弃物进行栽培，降低了传统香菇栽培对林木资源的依赖，提高了可持续发展能力，改变了以前只有林木资源丰富的地区可以栽培香菇的局面。

（三）香菇袋栽的适宜地区

根据香菇生长发育对温度的要求以及我国气候条件，有水利条件的地区均可发展香菇塑料袋栽培。但我国地域辽阔，气候差别较大，因此在季节安排和管理上要因地制宜，千万不能死搬硬套。从我国最近20年香菇大面积栽培的实践来看，香菇的原产区虽然在浙江、福建、江西、安徽等长江以南地区，但我国北方诸省也是香菇的适宜生产区，如河南、河北、山东、辽宁等省已发展成为我国香菇的主产区。并且我国长江以北地区，由于低温期长，出菇季节的空气相对湿度较小，所产香菇菇盖朵大肉厚，花菇率高，是我国优质香菇的主产区。

（四）我国袋栽香菇主要生产模式

1987年以来，我国木屑袋栽香菇新技术迅速推广应用，经过各地长期的栽培实践和创新，充分利用当地的气候条件，逐步完善确立了福建、浙江"地畦仿野生栽培"和"地埋夏栽"模式、"大袋、立体、小棚、秋栽"的"泌阳模式"、"中袋、棚架、春栽"的"西峡模式"，以及"林下仿野生夏香菇生产"和"大棚地摆夏香菇生产"等栽培模式。近年来，随着技术进步和环境保护的要求，香菇工厂化生产蓬勃发展，主要有以下两种发展模式：一是工厂化制棒分散出菇管理栽培模式，这既是香菇产业的发展趋势，也是今后较长一段时期香菇产业的主要生产模式；二是小袋工厂化周年栽培模式，该模式虽然技术可行，但在目前技术条件下生产成本高且很难生产高质量的香菇，因此尚处于试验探索阶段。我国香菇袋栽按生产季节又分为袋栽香菇春季栽培、袋栽香菇夏季栽培和袋栽香菇秋季栽培。下面主要以这3种生产模式详细讲述其生产关键技术。

六、袋栽香菇春季高效栽培技术

袋栽香菇春季栽培是按制袋接种季节来命名的，也叫春栽香菇，一般多在每年12月到翌年3月制袋接种，经养菌、转色和越夏后出菇的一种栽培模式。其工艺流程为：原辅材料准备→培养料配制→装袋→料袋灭菌→料袋冷却→料袋接种→菌丝培养→菌袋转色→菌袋越夏→催蕾出菇→采收加工。袋栽香菇春季栽培出菇期集中在每年冬春季，由于气候影响易出花菇，是优质香菇的主要生产模式。

（一）栽培袋的制作

1. 栽培季节安排　根据栽培地环境条件选择适宜的栽培季节是香菇塑料袋栽培的重要技术环节之一，它直接关系到香菇生产的产量与品质，影响经济效益。根据香菇菌丝生长不耐高温，子实体分化阶段要求较大温差，子实体发育阶段要求较低温度的情况，选择栽培季节时要根据生产上所用菌种不同温型的特点以及当地气候条件确定适宜的接种时间。

春季栽培香菇，菌袋制作适宜期长，河南省大部分地区12月至翌年的3月底都可接种生产，一般为1～3月接种，9月至翌年3月出菇。接种太早，菌袋成熟早，出菇期提前，8月下旬至9月会大量出菇，这时外界温度较高且为多雨季节，影响出菇质量；接种太迟，气温回升快，杂菌活力强，菌袋易遭杂菌感染，后期转色不好，给越夏带来许多困难。

2. 品种的合理选择　根据气候与环境条件、栽培场所及栽培方式，选择适合当地种植的优良品种，是搞好香菇生产的前提。我国的香菇生产所用的菌株来源有两种途径：一是从国外引进驯化，二是国内各科研单位选育。由于我国目前食用菌尚未建立完善的品种登记管理制度，所以香菇菌株在生产中出现同一菌株不同编号或同一编号却是不同菌株的现象，在引种上要特别注意。春季栽培香菇，应选择中温偏低、抗高温能力强、菌龄180天左右的中晚熟品种。河南省大部分地区生产中常选用的品种有豫香一号、135、939、241-4、9608、808等。注意一般的秋栽品种不宜在春季栽培中选用，这些品种菌龄短，在春季接种偏早时，越夏前会产生大量的菇蕾，抗性降低，不能顺利越夏。

3. 菌种准备　春季栽培香菇的菌种应在前一年的10月中旬开始做准备工作，一般栽培种养菌需要40～50天，根据适宜的接种期，最迟也要在3月初培养好栽培种。香菇的栽培种可选用木屑原料制作，其配比可选用常规配方：木屑78%、麦麸18%、糖1%、大豆粉1%、石膏1%、石灰1%，容器采用15厘米×33厘米×0.06厘米或17厘米×33厘米×0.06厘米高压聚乙烯塑料袋均可，制作方法均采用常规制种技术。

春栽香菇的栽培种也可采用短枝条或长枝条为原料，各地可根据生产习惯选用。

冬季制作香菇菌种应注意的事项：原料木屑颗粒不宜太粗，直径应在5毫米以下，粗细搭配合理；原料的含水量不宜偏高，一般应掌握干木屑的混合料与水之比1:（0.9～1）；接种初期培养的环境温度要达到25～28℃，提高袋温促进菌丝早萌发、早定植，菌丝吃料后可适当降低环境温度，并保证袋温在20～25℃基本恒定。

4. 栽培场地选择　袋栽香菇最好采用"两场制"，即发菌和出菇最好不要在同一场地内，发菌应在室内菇房，出菇阶段应在出菇棚内。

1）发菌菇房　发菌的菇房要求室内外干净，室内既可保温又可随时通风，地坪平整便于排放袋子，栽培量大的也可在室内建造排袋床架或者建造可控制温、湿、气和光照的现代化养菌车间。根据生产者的不同条件既可利用现有住房和旧房、简易菇房，也可利用塑料大棚（图6-1）、山洞、地下室、现代化养菌车间等作为发菌室，但均要注意消毒。

图6-1　塑料大棚养菌

2）出菇场地　出菇场地应选择阳光充足，昼夜温差大，靠近水源，通风条件好，地势平坦，环境卫生，交通方便，冬暖夏凉，土质微酸性，透水性能好，无明显的腐殖杂菌和虫害的地方。也可利用房前屋后、树荫下的空地等作为菇场。

5.培养料的配制与制袋

1）培养料配方　袋栽香菇培养料可用木屑、棉籽壳、玉米芯等作为主要原料，再加以辅料配制即可。由于各种原料营养成分不同，配方也多种多样，各地可因地制宜，合理选用。常见培养料配方有以下几种：

①杂木屑78千克、麦麸15千克、玉米粉5千克、石膏2千克。

②苹果树枝木屑84千克、麦麸14千克、石膏1千克、石灰1千克。

③洋槐树木屑83千克、麦麸15千克、石膏1千克、石灰1千克。

④硬杂木屑80千克、麦麸18千克、石灰1千克、石膏1千克。

⑤木屑100千克、麦麸20千克、玉米粉2千克、糖1.5千克、石膏2.5千克、尿素0.3千克、过磷酸钙0.6千克。

⑥棉籽壳50千克、木屑50千克、麦麸20千克、石膏2.5千克。

⑦葵花子壳30千克、木屑70千克、麦麸2.5千克、米粉2千克、蔗糖1.5千克、石膏3千克、磷酸二氢钾0.3千克。

2）培养料配制

（1）拌料　混合料搅拌分机械搅拌和人工搅拌，以人工搅拌为例进行叙述（图6-2）。拌料要选择新鲜、无霉变的各种原料和辅料，按配方要求的比例，分别称好，在打扫干净的水泥地上进行制作。把木屑或其他代料摊平,把麦麸、石膏粉均匀撒下，反复拌匀，再将混合料摊开，将溶化好的蔗糖和各种化学药品等辅料以及规定的清水，倒入混合料

图6-2　拌料

中，反复搅拌多次，成团的配料要敲散过筛，均匀后达到合适含水量即可装袋（做到不过夜）。但要注意掌握培养料的含水量以55%～60%为宜，衡量标准是以人手抓料紧握，手松开时，料结成团，自然放下碰地即散即为水分合适。如果握料后指缝间有水珠成串下滴，说明偏湿，应摊开让水分蒸发或加入干料来降低水分；若料握不成团，说明太干，要加适量水分。料配好后要检查料中的酸碱度以pH 7.0～7.5为宜。

（2）配制原料时应注意的要点

①选择的原料以硬质阔叶树种粉碎的木屑为佳，杜绝掺杂松、杉、柏等含芳香族物质的木材加工木屑。木材要用专用粉碎机粉碎，粉碎后的木屑颗粒直径 3 ~ 8 毫米，呈方块状，粗细搭配合理；辅助原料有麦麸、石膏、糖等。选择的原料要干燥、干净、无霉变，严防污染源混入，拌料时也可加入 0.1% 高锰酸钾以防杂菌。

②配制原料所需的木屑应提前 1 ~ 2 个月准备，目的是使用前高温发酵。木屑经过 15 ~ 30 天的高温发酵有 3 个好处：一是可降解木屑中部分影响香菇菌丝生长的有害物质和大分子营养物质，有利于香菇菌丝的前期生长发育，降低污染率；二是可软化木屑硬块，减少装袋时破袋而降低污染率；三是可以促使水分充分浸透木屑，提高灭菌效率。需要提醒的是发酵时间不能超过 1 个月，过度发酵会使木屑营养流失而虚耗。

③拌料要力求达到"三均匀"，即原辅料搅拌均匀、水分搅拌均匀和酸碱度均匀。拌料时严格按照配方中各原料的多少进行称重，不要随意去估计，培养料中不能有干料块，如果存在干料块，那么灭菌时湿热蒸汽就不能穿透干料块中间，造成灭菌不彻底。一般大规模工厂化制袋采用全自动机械拌料，小规模种植一般采用半自动机械拌料或人工拌料。机械拌料时全自动采取三级搅拌，第一级在干燥状态下将所有混合料搅拌均匀，第二级加入水充分搅拌，第三级是在输送料至装袋机过程中同时再搅拌一遍；半自动是按以上程序搅拌三遍。人工拌料是将所有的原料按比例称量好，将所有的原辅料先在干燥状态下搅拌均匀，再按一定比例称量水，加水后充分拌匀，装袋前再搅拌一遍。

④严格控制含水量。原料配制中，含水量是关键因素之一，培养料含水量过高或过低，香菇菌丝都不能正常生长。由于大多农民在操作过程中的随意性较大，在这一点上一定要引起注意，一定要进行称量。另外，在计算加水量的时候，要考虑干物质本身 13% ~ 14% 的含水量。完全风干后的原料加水比例一般为 1.0 :（1.2 ~ 1.3），若原料自身含水量偏高，则应降低加水比例。有经验的栽培者也可用感官测定含水量是否适宜。原料加水混拌好后稍停一段时间，用手握原料能成团，用力握手指缝中见水而不下滴，松开后稍一抖动原料团又能散开，这时含水量较适宜，否则不是太高就是太低。

⑤混合料的酸碱度要适宜。香菇培养基 pH 5.5 ~ 6.0 为宜，栽培香菇原料的酸碱度，混配好后应偏碱一些，因为在灭菌和菌丝发育过程中原料会向偏酸范围发展，

若拌料时原料已偏酸则后期酸性更强，对菌丝生长不利，也易导致杂菌发生。配料的 pH 应在 7.5 ~ 8.0 比较适宜。酸碱度的测定方法：取 pH 试纸一小段，插入培养基中 1 分后取出，对照标准比色卡，查出相应的 pH。在生产实际中，一般会呈酸性，为防止培养料酸性增加，可用适量石灰水调节。

3）装袋　拌好料后立即转入装袋（图6-3）工序，装袋方法有人工装袋、半自动机械装袋和全自动机械装袋。下面以半自动机械装袋为例进行叙述。装袋塑料袋的规格不同地区采用的规格不同，一般是：内袋，18 厘米 ×60 厘米 ×0.07 厘米；外袋，20厘米 ×67 厘米 ×0.015 厘米。装料量：一般每袋装干料 1.5 千克左右。因生

图 6-3　装袋

产量大，需用人工配合装袋机装袋。目前市场上开发的食用菌装袋机形式多样，不同的装袋机其操作方法略有不同。装袋机每小时可装 800 袋以上。每台机器配备 5人为一组，其中添料 1 人，套袋 2 人，传袋 1 人，扎口 1 人。培养料经过装袋后即成为营养袋，简称料袋。

（1）装袋方法　先将塑料袋未封口的一端展开，先把内袋整袋套进装袋机出料口的套筒上，再把外袋套上，调整好装袋机使料紧实均匀。当料接近袋口 6 厘米处时，取下料袋竖立在一旁，扎口人员按装量要求，增减袋内培养料进行扎口。

（2）检修调整装袋机　使用装袋机时，根据装袋需要，更换相配套的搅龙和套筒；检查机械各部位的螺栓是否拧紧，传动带是否灵活。然后按开关接通电源，装入培养料试机，生产过程中若发现料斗内物料架空时，应及时抖动料斗，但不要用手直接伸进料斗内以免发生危险。

（3）装袋的几点要求

①料袋装料松紧适中。培养料松紧检验标准是：以成年人手抓料袋，五指用中等力捏住，袋面呈微凹指印，有坚硬感为妥。如果手抓料袋而两头略垂，料有断裂痕，手感柔软表明太松，需加料重装。保证所有的料袋重量基本一致，上下误差不超过 0.25千克为好。

②扎牢袋口。内袋口整平后立即捆扎牢固外袋口、保证密实不漏气，防止灭菌

时袋料受热膨胀、气压冲散扎头、袋口不密封、杂菌从袋口进入。

③专人检查无论是用哪种机械装袋都要安排专人检查料袋：一是检查内套免割袋破损情况，破损面积超过 5% 要报废重装；二是要检查外袋破损情况，发现破洞和微孔要立即用塑料胶带密封，保证无遗漏。

④轻拿轻放。装料在搬运过程要轻拿轻放，不可乱扔乱撂，以免破袋或料袋产生砂眼，接种后感染杂菌。

⑤日料日清。为了避免培养料变酸或感染杂菌，从拌料装袋到灭菌，要求在当天进行，培养料的拌制数量要与灭菌设备的一次灭菌量相配套，做到当日配料，当日装完，当日灭菌。

⑥按规程操作。各个环节都要严格按照操作规程进行，按照要求对每一项都要认真检查、测试，不要因图省事等原因随意操作，这样就会少出问题，避免出现不必要的损失，即使出现问题，也便于查找原因。

4）免割保水膜栽培技术　目前，袋料香菇栽培技术生产中已广泛应用免割保水膜。该技术就是在制作菌袋时筒袋内再加一只保水袋，进行双层袋装料栽培香菇，出菇前只割除外袋，内袋成为菌棒表皮起到保湿作用，出菇时菇蕾自行破袋生长，免去了袋料香菇烦琐的割袋工序，节省了大量的人工成本。免割保水膜培栽技术有以下优点：

（1）节约成本　免割出菇解放了菇农的生产力，不需日夜守在菇棚旁等待割袋，在出菇期间，省去了一半的劳动力。

（2）污染率低　双袋栽培，在灭菌时多了一层保护，避免了砂眼破袋和杂菌感染。成活率普遍比单袋高，但越夏时一定要及时割袋头、排气，防止烧袋，才能最终保证有高的成品率。

（3）菇型好　免割出菇给香菇创造了仿段木的生长环境，避免了因人工割袋迟或早造成袋子挤压幼菇和幼菇死蕾以及割口拉伤菇蕾等出现大量畸形菇的现象。该技术出菇菇型完整，花度花色好，卖价能提高一个等级。

（4）延长菌棒寿命　免割保水膜袋的保水膜随菌棒收缩而收缩，形成一层保护膜，一方面可保持菌袋水分，另一方面可有效防止害虫和杂菌的侵入，使保水膜菌棒寿命延长产量提高。而传统割袋法，菌棒出菇收缩后，与外塑料栽培袋，形成很大的内空间，注水后是害虫和杂菌的理想繁殖地，造成大量菌棒过早腐烂损失产量。

（5）无公害　该技术是当今香菇免割保水技术中，能达到无毒、无害、无污染的技术，相对于其他涂料保水材料，免割保水膜本身就是无毒、无害的清洁产品，栽培中它对菇体和培养基均无沾染附着，无异物可污染，是生产绿色、无公害食品的新材料。

6. 灭菌　料袋装完后应及时装锅灭菌，目前生产中灭菌主要采用常压灭菌和高压灭菌两种方式。常压灭菌时，前期升温要快，温度要求应在 6 ~ 8 小时升到 100℃ 左右，并维持 18 ~ 24 小时，方能灭菌彻底；高压灭菌时，温度应在 6 ~ 8 小时升到 120℃ 左右，并维持 12 ~ 15 小时，方能灭菌彻底。灭菌后料袋应及时搬进消毒好的接种室或接种棚内，自然冷却待料温降到 28℃ 以下时，在无菌条件下进行接种。

灭菌是菌袋生产的关键环节，灭菌温度低于 100℃，时间过短，会导致灭菌不彻底，造成生产的失败。灭菌温度过高，会造成塑料袋融化烂袋；灭菌时间过长，会导致培养料营养虚耗和增加灭菌能耗成本。料袋堆积过密，会导致中间料袋夹生，因此装锅时袋与袋之间要有一定空隙，才能保证所有的料袋均匀受热，灭菌时要根据灭菌温度合理控制灭菌时间，以保证灭菌彻底。

1）常压灭菌中应注意

☞ 装袋后尽快上锅灭菌，不宜停放过夜。若不得已延长了装袋时间，料袋不能堆积，避免料袋内培养料自然升温发酵变酸。

☞ 常压灭菌（图 6-4）开始时尽量加大饱和蒸汽供应量，使料袋温度尽快上升到 100℃，维持时间 18 小时以上。并且灭菌期间要保持温度 100℃ 恒定。

图 6-4　常压灭菌

☞ 一次灭菌装锅菌袋数量不宜过大，一般装 6 000 ~ 10 000 袋，灭菌时间也不宜过长。

☞ 灶体内菌袋的摆放不宜太密实，要留有蒸汽流动的通道，保证所有料袋受热灭菌均匀。

2）高压灭菌中应注意

☞ 装袋时使用的塑料袋应为耐 126℃ 高温的高压聚乙烯塑料袋，以免高温烂袋。

☞ 装袋时料袋要均匀扎刺透气孔并以专用透气膜封闭，灭菌前期控制好高压蒸汽供给量，灭菌锅内升压升温平稳，灭菌结束时放气降压要舒缓或自然降压，以免料袋形成内外压差而涨袋、烂袋。

☞ 菌袋的摆放不宜太密实，应采用灭菌架分层摆放，保证所有料袋受热灭菌均匀。

☞ 灭菌锅内排冷要彻底，保证稳压期锅内为饱和高压蒸汽，保持料温温度恒定。

☞ 灭菌结束采用自然降压降温的可适当减少灭菌时间 1 ～ 2 小时，以降低灭菌成本。

☞ 高压灭菌（图 6-5）的灭菌锅为高压容器，要有专业人员操作，以保证安全生产。

图 6-5　高压灭菌

7. 接种　接种时要严格按照无菌操作，在接种室或接种箱内进行，有条件的也可在超净接种车间利用接种机流水线接种。接种前后接种室或箱以及各种用具都要严格消毒。接种工作人员要做好个人的清洁卫生，戴上经 75% 乙醇消毒的乳胶手套，或在缓冲室换上专用的工作服，再进入接种室。

生产中一般采用单面 3 ～ 4 穴接种，接种箱接种时把菌种袋（瓶）口的棉塞打开，用接种工具去掉菌种表层的老菌皮，并挖除上层老菌丝 2 ～ 3 厘米后再用（图 6-6）。应在无菌条件下，先擦去料袋表面残留物，用打洞器在料袋一面按照等距离打 3 ～ 4 个接种穴，口径 2 厘米，深 3 ～ 5 厘米，用接种工具迅速把适量菌块移入接种穴内，接种量尽量接满穴，接完后立即套上防杂外袋并封口。一般每袋接种量以 50 ～ 80 克为宜。春季栽培气温低，环境

图 6-6　料袋接种

中杂菌少，也可采用在接种棚或接种帐内开放式接种，但也不能掉以轻心，要严格无菌操作规程，接种前棚内要打扫干净，地面上铺一层薄膜隔潮，严格消毒，用有效氯含量330～400克/千克的气雾消毒剂熏蒸房间，1立方米用3～5克气雾消毒剂，熏蒸40分后即可开始接种。接种时3～4人一组，接

图6-7　套好外袋的菌袋

种人员要搞好个人卫生，接种操作要快、准、无菌，几人严密配合，打穴、接种、套袋、扎口，一气呵成。当前，应用较多的是在接好菌种的菌袋外面直接套一层塑料袋（图6-7），菌种接种口不用其他封口，菌丝发到一定阶段，脱去外袋。

接种要做到以下几点：

一是做好接种前环境的消毒工作，接种箱要搬到太阳下进行暴晒一天，然后进行空箱熏蒸，接种室要在空室时进行紫外线灯照射和药物熏蒸双重消毒灭菌。

二是要做好接种人员的清洁卫生，接种要穿消过毒的工作服，特别是不要留长指甲。

三是严格进行器械和手的消毒，器械和手都要用75%乙醇擦拭消毒。

四是在接种室接种，料袋要一次接完，中间不得开门出入。接种时不要喧哗，不要来回走动。室内每隔半小时要用药物喷洒空间进行消毒，同时对器械、手等进行擦拭消毒。

五是要抢温接种，春栽香菇一般在每年1～3月制袋，外界气温很低，接种时一定要在灭菌后料袋温度降到25～28℃时抢温接种，充分利用料袋灭菌余热促进菌种快速萌发，可有效降低污染率，极大提高接种成活率。

六是接种时严格按照无菌操作技术规范操作，菌种一定要将接种孔塞满，每个接种穴接种量及松密度要适宜均匀，菌种面略高于袋面2毫米，每接种完一袋，立即封口或套外袋。接种后要及时清理卫生和消毒通风。

（二）发菌及转色管理

1. 发菌管理　从料袋接上菌种到菌丝长满袋，达到生理成熟的这一段时期叫

发菌期。在此期间，接种后萌发的菌丝从培养料中吸收养分、水分等物质，不断生长蔓延，长满料袋，积累自身营养，为菌袋现蕾出菇打下物质基础。香菇的发菌期一般为60～90天，时间跨越冬、春两季，环境气温变化剧烈，并且菌袋在发菌时因菌丝分解培养料产生热量而自动升温，袋温会随着堆叠方式与紧密程度以及菌丝的生长速度的快慢而差异极大，这就造成菌袋温度与培养室的环境温度变化不一致，且差别较大。而香菇菌丝在发菌期则需要一个温度相对恒定的环境条件，才能良好生长，因此，我们要紧扣香菇菌丝生长发育的环境条件指标，根据具体情况认真、细致、灵活地处理好堆温、袋温、气温、室温、空气相对湿度、通风以及光照之间的关系，尽可能使之符合菌丝对各个因素的要求，为菌丝生长创造一个最适宜的环境。

1）技术要求　整个养菌期要做到"四控三防"。

（1）"四控"　养菌室内的温度应控制在24℃±2℃，空气相对湿度在70%以下，光照强度在200勒以下，二氧化碳浓度在1.5%以下。

（2）"三防"　室内要勤观察、勤消毒，防杂菌污染；室内勤观察、勤通风，防高温烧菌；室内勤观察、细管理，防鼠害虫害。

2）发菌管理

（1）菌丝萌发定植期　接种后的前1～6天为菌丝萌发定植期，应及时将料袋搬入发菌室，在冬季、早春生产的，环境温度低，菌袋可顺码排放，堆叠的高度10～15层；在3月生产的，环境温度已升高，菌袋可横、直3～4袋，以"井"字形堆叠（图6-8），堆叠的高度根据当时的气温而定。接种后的头3天为菌丝萌

图6-8　菌袋摆放

发期；第三至第六天为定植期，由于菌丝未萌发或刚萌发，料袋自身不会产热升温，此时要以增温保温、促快发、早定植为主，室温要控制在28～30℃，一般不通风，更不能翻动菌袋。若室温低于10℃，可采用薄膜、保温棉覆盖菌袋或其他加温措施，提高袋温；若室温高于30℃，需通风降温。经6～7天培养（图6-9），接种穴周围可看到白色绒毛状菌丝蔓延，说明已萌发定植，进入菌丝发育期，应把室温逐渐降

低至 25℃ 左右。

菌丝萌发定植期由于菌丝非常脆弱，对不良环境条件表现敏感，这几天原则上要求：不通风，不翻动。若气温 30℃ 持续 4 个小时以上，应设法适当通风降温，以免烧菌。发现菌种不萌发的，要及时补种。

图 6-9　发菌 6 ~ 7 的天菌袋

（2）菌丝旺盛生长期　菌袋经室内培育 7 天后，要进行一次翻堆，当气温升高时菌袋要转换成"井"字形排放。并要结合翻堆进行检查和及时处理杂菌污染袋，如发现接种口周围有红、绿、黄、黑等颜色的斑点时，说明已被杂菌污染，应使用注射针筒，注入 70% 甲基硫菌灵可湿性粉剂 800 倍液，注入量以药剂浸湿污染料为宜，以杀死杂菌；如果感染严重，应将污染袋挑出，挖掉受感染的部分，其余的料拌入下一次培养基中，再行装袋灭菌接种。

随着香菇菌丝的定植和发育，菌袋自身产热，料内温度会高出室温 2 ~ 7℃，要每隔 7 ~ 10 天翻堆一次，使上下左右互换位置，达到里外上下受光以及空气和温度均匀，并逐渐降低堆高，每天要测定观察料内温度，及时采取措施防止料温升高超过 30℃ 而抑制菌丝生长。若管理不善，袋温超过 35℃ 时，会造成菌丝死亡，菌袋变软，培养料发臭，菌袋因"烧菌"报废，春末接种较晚时尤其要注意防止菌袋"烧菌"。

当菌袋在发菌室内培养 20 天以后（图 6-10），菌丝向接种口四周蔓延，菌落直径一般可达 8 ~ 10 厘米，这时要把外袋脱去，让氧气进入袋内，以利菌丝向料的深层生长。培养基内氧气增加后，菌丝活动加快，自身产生热量增加，袋温不断上升，水分蒸汽量加大，此时，要将室内气温调至 22 ~ 24℃，应加强养菌室通风换气，并将菌袋排稀，以降低温袋。室内要求干燥，空气相对湿度应控制在 70% 以下，防止杂菌滋生。每天定时通风，换入新

图 6-10　发菌 20 天的菌袋

鲜空气，以满足菌丝生长发育的需要。为了防止高温，发菌40～50天后（图6-11），也可提早把菌袋移到室外菇场或出菇棚架上，但要注意加强遮阴和防雨。

图6-11　发菌40～50天的菌袋

（3）菌丝成熟期　在适温条件下，香菇菌丝经60～70天的发菌培养，已达生理成熟（图6-12）。菌丝生理成熟的具体标志是：菌丝长满整个袋内，培养基与塑料袋交界处呈现小空隙；袋壁四周菌丝体膨胀、皱褶、隆起呈肿瘤状，瘤状物占整个袋面2/3，手握菌袋的疣状菌丝体，有弹性松软感，而不是很硬的感觉；在接种穴四周，出现棕褐色。这时菌袋可转入刺孔转色管理。

（4）菌袋刺孔

①养菌期间刺小孔。养菌期间为促使菌丝生长，发菌粗壮均匀，菌袋可刺小孔增氧通气。点菌后15～20天，菌落直径6～8厘米时，每穴周围牙签刺孔3～4个，孔深1厘米。点菌后30天左右，两接种穴之间菌丝可以接连，用毛衣针刺孔每穴周围刺8～10个，孔深1.5～2厘米。

②发菌成熟刺大孔（图6-13）。点菌后40～60天，菌丝已发满整个料袋，

图6-12　发菌成熟的菌袋

图6-13　刺大孔的菌袋

用专用刺孔机刺大孔，每袋均匀刺孔40～60个，孔深5～8厘米。菌袋含水量大时，每袋刺80～100个孔。刺孔的原则：培养料含水过大，菌袋装的过于紧实，转色慢又差，瘤状物形成慢而少，气温低时均应多刺；反之，少刺。杂菌污染部位、菌丝

未发到部位、菌丝刚相连部位均不能刺孔。翻堆或刺孔后，香菇菌丝生长加快，更容易引起菌袋升温，长期闷热会引发烧菌。故在管理上应勤开门窗，降低堆高，分批分期刺孔，室温超过 30℃不翻堆、不刺大孔，随时观察温度变化，及时采取降温措施。

3）菌袋发菌期经常会出现的异常情形

（1）死穴　指接种穴的菌种不萌发，要及时补种。其主要原因有：接种时料袋温度太低且加温升温不及时导致菌丝长期不萌发而死亡；接种量少菌种按压太松、菌种与配养料接触不实导致菌丝难于浸入培养料而死亡；菌种水分过大，接种时按压太密，造成菌种缺氧而死亡等。

（2）菌种萌发迟，菌丝不旺　其主要原因有：水分大，氧气不足；菌种质量差，菌丝活力差；菌袋温度过低；菌袋水分偏干，菌种迟迟不发等。要根据具体情况及时加以解决。

（3）烧袋（图 6-14）菌丝细弱、发黄发黑，甚至死亡，菌袋变软，培养料发臭。这是由于发菌过程中疏袋通风不及时，菌袋温度过高所致。

（4）菌袋感染霉菌　具体表现为菌袋出现红、绿、黄、黑等其他颜色。这一危害最大。具体处理办法：

①轻度污染。可于受害处注射 70% 甲基硫菌灵可湿性粉剂 800 倍液，并用手指轻轻按摩表面，使药剂渗透杂菌体内，然后用胶布贴封注射口。

②穴口污染。可用 1 千克水加入 50 克石灰取上清液，或用 50% 多菌灵可湿性粉

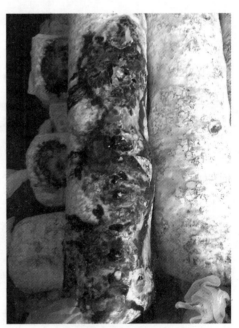

图 6-14　烧袋

剂 200 倍溶液点涂患处。2 种药剂不宜同时使用，否则会降低药效。

③严重污染（图 6-15）。杂菌面积大，严重污染，应破袋取料，按 1 千克水加入 50 克生石灰，配制生石灰水，拌入料中闷堆一夜，然后摊开晒干，重新配料，装袋灭菌，再接入香菇菌种培养。

2.转色管理　香菇菌丝生长发育进入生理成熟期，表面白色菌丝在一定条件下，

图 6-15　污染菌袋　　　　　　　　　图 6-16　转色菌袋

逐渐变成棕褐色的一层菌膜，叫作菌丝转色。菌袋的转色（图 6-16）是一个十分复杂的生理过程，转色的深浅、菌膜的薄厚、转色的好坏直接影响香菇原基的发生和发育，影响出菇的快慢和产量的高低及质量的优劣，是香菇生产管理最重要的环节之一，因此管理时应按照转色对环境的要求进行科学调控。转色是为出菇做准备，同时起到保水和防杂菌侵染作用。正常情况下，培养 60 天后，菌袋表面产生大量的瘤状物，由硬变软，棕色分泌增多，进入转色期。转色的方法有两种：一种是不脱袋转色，即将菌袋就地培养，并给予散射光照，光照强度在 300 勒以上，使菌袋自然变为棕褐色；另一种方法是脱袋转色，将已达到生理成熟的菌袋，刺大孔后移到出菇塑料大棚内，脱去外塑料袋后，呈"人"字形靠在排袋架上或平躺排放在出菇架上。关闭塑料大棚，温度保持在 18 ～ 22℃，空气相对湿度保持在 80% ～ 85%。湿度低时，应在地面上洒水来增加棚内湿度，并给予散射光照，让菌袋表面菌丝恢复生长。经过 4 天后，每天早上揭开大棚两端塑料薄膜进行通风换气 30 分左右，适当降低湿度培养 10 ～ 15 天即可完成转色。

1）转色的作用　转色就是让菌袋表面形成有保护作用的菌膜，主要有以下作用。

（1）起保护作用　减少病虫害直接侵入；防紫外线杀伤菌丝；减少水分蒸发；减少机械损伤，提高菌棒对环境的适应能力。

（2）起支撑作用　提高菌棒的机械强度，提高支撑力，防止菌袋断裂。

（3）便于出菇　在菌皮内侧，菌丝相对成熟，氧气充足，是菌丝扭结、形成原基的理想场所。原基形成后，菌皮对幼蕾有良好的保护作用。

2）转色管理　菌袋达到生理成熟期以后，应及时刺孔，这时应注意通风降温，严防烧菌，经 7 ～ 10 天管理进入转色期管理。香菇转色期可分 2 个阶段，首先要采取措施促使菌丝徒长，接着再采取措施促使菌丝倒伏。

①促使菌丝徒长的要求是控温、保湿、少通风。头4天不通风，以后少通风，光照强度200勒以下，气温保持在24℃左右，空气相对湿度保持在85%，直到菌丝浓白，气生菌丝长约2毫米时停止。

②促使菌丝倒伏的要求是加强光照、通风，增大温差、干湿差，一般7～8天菌丝局部开始转色（图6-17）。

图6-17　局部转色菌袋

香菇的转色过程是一个复杂的生理过程，转色的好坏与菌株优劣、菌丝体生长强弱、菌龄长短以及温湿度等环境条件有关。因此，转色过程中，往往受其影响，出现一些转色不一致、转色过轻或过重等不正常的现象，应针对发生原因，采取处理措施。在管理过程中，要注意以下几点：

一是要严格控制培养料的温度，保持23～25℃的菌袋温度；二是培养室的通风换气要灵活，不要把室温拉得太大，要勤通风，时间以满足室内空气新鲜为准；三是保持培养室空气相对湿度为85%；四是转色的时间适当延长一些，控制在10～15天完成转色，只要能保持温度，即使转色结束也可再培养几日。

3）菌袋完成转色的标准　菌袋完成正常转色的3个标准：一是菌棒表面未形成瘤状物的部分，重新长出气生菌丝，浓密程度和菌丝长短适中，经通风干燥后倒伏，形成厚薄适中的红褐色的菌膜。二是菌棒表面形成的瘤状物细胞，软化死亡后形成菌膜。三是菌膜均匀、厚薄适中，红褐色，有光泽，有弹性。

4）转色期出现的异常情况及处理办法

（1）转色不均匀、不一致（图6-18）转色不一致有两个原因：一是培养料含水量在拌料时干湿不匀，过

图6-18　转色不均匀的菌袋

干过湿都会影响转色；二是菌袋没有经常翻堆，受光不均匀，局部受热，形成菌袋薄膜紧贴菌膜。

解决的方法是：过湿的菌袋增加刺孔，过干的菌袋补水，紧贴菌膜的地方用钉子把薄膜挑起增氧转色，转色期翻袋 1 ~ 2 次，促使转色均匀。

（2）转色过重　即菌皮过厚，主要原因是刺大孔过晚，瘤状物突起过多，造成培养料与袋膜之间间隙太大，气生菌丝旺盛，导致营养消耗和菌皮过厚；培养料碳氮比失调，氮含量过高，菌丝营养生长过于旺盛导致菌皮过厚；菌袋水分过大，培养料内部缺氧，表层气生菌丝旺长导致菌皮过厚；转色期培养室光照过强和温度过高也可导致菌皮过厚。可通过多刺孔、水中浸泡来软化菌皮。

（3）转色淡或不转色　是指菌膜过薄或不形成菌皮，产生这种现象的原因主要有：一是转色时湿度过低，菌袋培养料偏干，或菇棚湿度低，难以转色。应采取地面喷水加湿，每天通风时尽量缩短在 10 ~ 20 分内提高棚内温度促进转色。二是菇棚保温保湿条件差、光照弱，不适合所需生活条件，以致难以转色。可采取密罩薄膜，提高地温，并把菇棚上遮阴物打薄，增加阳光照射，提高菇棚温度。在菇棚内灌"跑马"水，增加湿度，促进转色。

（4）菌丝徒长不倒伏　菌袋表面的菌丝一直生长，长达 2 毫米不倒伏。主要原因是培养料内部缺氧、湿度偏大或光照太弱造成。应加大通风量，选择中午温度高时揭开薄膜，增加刺孔数，让菌袋接触光照和干燥空气，减低培养料湿度，迫使菌丝倒伏。

（5）菌袋脱水　菌袋比原来的重量明显减轻，手触菌丝体有刺感，表明菌袋水分蒸发，脱水干燥，以致不能转色。应及时加大湿度，缩短通风时间，结合通风换气时间，加大喷水量，然后紧盖薄膜。菇棚空气相对湿度保持在85% ~ 90% 最好。

（6）菌袋吐黄水　刺孔后 6 ~ 8 天，菌袋会出现黄水珠，应及时处理，以利于正常转色。

3. 菌袋越夏管理　只有春栽香菇要求菌袋越夏，夏栽香菇和秋栽香菇一般不需要越夏。

1）菌袋越夏的目的　因为夏季天气炎热，气温较高，超过了香菇的适宜生长温度，要使转色好的菌袋安全过渡到秋末出菇。越夏管理工作的好坏不仅影响着香菇的产量和品质，而且直接关系到栽培的成败。

2）越夏场所　菌袋越夏需要遮阴好、凉爽、通风、干燥、清洁的环境，通风条件好的防空洞、苹果库、窑洞、树林下及双层遮阴棚都可以作为香菇越夏的场所。如果采用遮阴棚越夏,棚的高度需在 3 米以上,两层或三层遮阳网之间距离必须在 0.5 米以上,四周应有遮光设置,防止阳光直射。

图6-19　越夏菌袋摆放

3）垛形排放要求　出菇棚内越夏的架上单排平行排放（图6-19）,袋与袋之间留 10 厘米间隙,最上边的两层不排袋,棚加盖两到三层遮阳网,相邻两层网之间距离必须在 0.5 米以上,并割开菌袋两端外袋以利于通气散热。专门越夏场所宽敞的可采取三角形垛形,垛不可太高,一般 3 ~ 5 层为宜。规模大的可采用单排平行排放,袋与袋之间留 10 厘米间隙,垛高 3 ~ 5 层,层与层之间用竹竿或木条相隔以利通风,排与排之间留 70 厘米的人行道,便于操作管理。"井"字形垛每层 2 袋,3 ~ 5 层高,垛与垛之间留间隙 30 厘米以利通风换气。

4）基本技术要求

（1）温度　香菇菌袋最适宜的温度是 25℃ 左右,30℃ 生长受到抑制,连续长时间 35℃ 以上高温易衰老死亡,所以管理中袋温应控制在 30℃ 以下,气温长时间接近或超过 35℃ 应采取降温措施,如地面洒水、越夏棚安装水幕帘、越夏场所加装鼓风机加大通风等。

（2）湿度　空气相对湿度应控制在 65% ~ 70%,湿度太大应加强通风,适量撒些生石灰粉也能有效调节湿度。

（3）通风　通风是越夏管理最有效降温防烧袋措施,一定要保证越夏菌袋通风良好,必要时还要加装设施强制通风。

（4）光照　香菇菌袋越夏应避免光线直射,棚的四周、门窗洞口都需要有遮光设置,选用的材料必须既遮光又通气性能良好才行。

（5）放黄水　定期检查,发现问题及时处理,菌袋淤积黄水过多时,要刺孔排出,防止由此造成菌袋污染。

5）注意事项

（1）降温　采取合理措施降低袋温，确保料温不超过 30℃。

（2）遮阴　避免紫外线杀伤菌丝或造成转色过深、菌皮过厚。

（3）散热通风　菌袋摆放不能过挤、过高，袋与袋、堆与堆之间都留空隙，高不超过 5 层，并割开菌袋两端外袋以利散热。

（4）定期消毒　结合洒水降温喷洒杀虫、杀菌剂。

（5）高温期管理　日均气温超过 26℃，严禁振动菌袋，严禁随意搬动菌袋。

（三）出菇期管理

出菇管理就是人为地创造最适宜的出菇环境和菌丝生长条件，达到菇蕾不断发生，子实体健康生长的目的。由于香菇的种性不同，子实体的生长发育对温度的要求也有差异，如低温型的为 7 ~ 18℃与 8 ~ 20℃，中温型为 8 ~ 22℃，高温型10 ~ 25℃。香菇原基的形成和子实体分化的温度，通常可在 7 ~ 20℃，以 15℃最佳。从菇蕾到形成子实体，一般需 3 ~ 7 天的时间，从子实体形成到成熟一般需要10 ~ 20 天。

1. 出菇期技术要求

1）温度　香菇属于变温结实性食用菌，一定的温度差是出菇的必要条件，催蕾温差应在 10℃以上，子实体生长温度 14 ~ 25℃。

2）湿度　催蕾期和幼蕾生长期空气相对湿度为 85% ~ 90%，香菇子实体生长发育期的空气相对湿度为 65% ~ 72%。

3）空气　经常通风，保持出菇棚内空气新鲜。除变温催蕾期外，每天早、晚各通风一次，每次 30 分，遇高温天气可适当加长通风时间和次数。

4）光线　可根据子实体的生长要求，通过揭盖覆盖物来调控棚内的光照。光照不足时，将使菇体色泽变浅、变黄，影响商品质量。冬季出菇保持半阴半阳；秋季、春季出菇保持六阴四阳。

2. 出菇期管理措施　春栽香菇一般在 9 月下旬至 10 月初，外界日平均气温达到 20℃以下时开始催蕾出菇，出菇期一般可出 4 ~ 5 潮菇。春栽菌袋栽培是一次接种，秋、冬、春三季出菇，各季节的气温不同，在管理上又有区别，需要特别注意。

1）秋菇的管理　菌袋经过养菌、转色、越夏后，菌丝通过半年的营养积累，完全达到生理成熟，即可进入催蕾出菇管理阶段。一般9月底即可出菇，我们把9～11月底出的菇称为秋菇，此期气温逐渐降低，菌袋已具备出菇条件，依据天气情况和收菇目的决定出菇的早晚。若想推迟出菇期，也可不进行出菇管理，待气温降低至适宜培育花菇温度后再进行出菇管理。菌袋生理成熟标志有：菌袋表面70%～80%为茶褐色，有光泽，袋内木屑米黄色；袋内培养料有浓郁香菇的特有气味，手捏菌袋具有弹性感。

秋菇管理技术简单，管理以降温为主，由于气温偏高，香菇生长快，难以培育优质香菇，所以此期以培育厚菇和中档花菇为主。

（1）脱袋排架　菌丝完全达到生理成熟后，进入10月初即可进行催菇管理。首先要脱去外层袋子，然后把袋子按每米4～5袋均匀排放到出菇架上。注意脱袋时要小心细致，不要损伤免割袋，不要弄断菌袋。

（2）补水注水（图6-20）　菌袋经养菌、转色越夏的漫长培养期，菌袋会大量失水。若失重率为初始料袋重的15%以下，可以不补水，在脱袋排袋时，轻轻拍打振动袋子，即可刺激菌袋现蕾出菇；若失重率为初始料袋重的15%以上，菌袋含水量会低于40%，菇蕾很难形成，在脱袋排袋时，需及时补水。补水方法

图6-20　菌袋补水

很多，主要有浸泡、注水、滴注、泵吸4种方法，生产上常用浸泡补水法和注水器补水法。补水水量一般采用称重法测定，第一次补水后的重量是菌棒制袋时重量的100%～110%，春栽袋是制袋时重量的90%～105%。以后每潮减少浸水重量15%左右。

（3）温差催蕾　选择昼夜温度差8～20℃的晴天补水催菇，低温菌株夜间必须出现12℃以下的低温刺激，中温菌株需要14～16℃的低温刺激。香菇属于变温结实性食用菌，人为地创造冷热和干湿差来刺激菌袋，能促进菇蕾大量发生，从而达到高产的目的。早秋和春末出菇时，主要是拉大昼夜温差和增加空气湿度，可人为地创造昼夜温差10℃以上的变温刺激、棚内喷水增湿促进菌丝互相交织，扭结成盘

状组织，进而分化膨大形成原基和菇蕾。具体措施是：白天把菇棚的薄膜罩密并雾化喷水增加湿度，使菌袋温度和环境湿度升高，24 时以后气温下降时，揭开薄膜通风，让冷空气进入，连续 3 ~ 4 天，使菌袋表面出现不规则的白色裂纹，不久菇蕾便长出。

（4）调温育蕾　经过刺孔、补水和温差刺激的菌棒，用塑料薄膜盖严，四边要压实，让菌袋在 18 ~ 24℃条件育出菇蕾。2 ~ 7 天大量生出菇蕾。幼菇长至 1 厘米左右后适当增加菇棚环境湿度；当菇长至 1.5 ~ 2 厘米时，揭膜通风，让阳光照射，天气干燥时也能育出花菇，用同步催花技术培育花菇。

（5）疏蕾蹲蕾管理　菌棒经过催蕾后，应进行疏蕾蹲蕾管理，目的就是培育个大、肉厚的厚菇或花菇。做法很简单，菇蕾形成后，须对菇形不完整，丛生的菇蕾、现蕾数过多的势弱幼蕾尽量剔除，一般 18 厘米 ×55 厘米袋子均匀保留 40 ~ 50 个菇蕾最好，然后就是降低棚内温度育壮幼菇。幼蕾适宜在 15 ~ 22℃环境下生长，在 14℃下的长速明显下降，如有条件，降温至 12℃左右，甚至 8℃左右，则可达到蹲蕾的目的；如果配合短时的直射光和偏低的空气湿度，将会有助于蹲蕾的效果。一般在 15℃左右持续 1 周左右，即可达到蹲蕾的目的。

（6）子实体发育管理　早秋由于气温高，子实体发育快，水分蒸发量大，所以要适时喷水、通风降温。每天根据天气情况喷水，晴天喷水 2 ~ 3 次，阴天 1 ~ 2 次，同时进行通风降温。子实体一般经过 1 周左右就可成熟，采菇要及时，宜早不宜迟，香菇菌盖基本展开，直径达 5 厘米以上时应及时采收，一般可在清晨和傍晚各采收一次。采收时应一手扶住菌棒，一手捏住菌柄基部转动着拔下。采收时要注意把菇蒂采摘干净，防止霉菌从此侵染。采完一批菇后，要进行养菌，降低菌棒的含水量，大约 20 天，采用注水振动进行催蕾，菇蕾形成后照常规进行出菇管理。

2）花菇的管理　花菇（图 6-21）是香菇子实体的生长过程中，在特定的不良环境条件下，形成的一种特殊的畸形菇，是香菇中的精品。每年的 12 月至翌年 3 月初，气温低、空气干燥，是培育花菇的有利时期，采取相应的技术措施可培育优质花菇。通过科学的管理，在冬季可

图 6-21　花菇

出优质花菇 2 ~ 3 潮，对提高香菇的整体效益非常有利。

（1）补水与催蕾　外界气温降至 8 ~ 18℃ 时是培育花菇的有利时期，但此期气温较低，补水后的菌袋需进行催蕾管理。冬季催蕾主要以保湿、保温为主，具体措施是：菌棒经过补水振动刺激后，把菇棚的薄膜罩密并雾化喷水增加湿度，连续闷棚 5 ~ 7 天，白天棚内温度控制在 15 ~ 22℃，夜间要降至 8 ~ 12℃，温差 10℃ 以上，空气相对湿度在 85% 左右，增加光照，适时通风，促进菇蕾早形成，菌袋表面出现不规则的白色裂纹，不久菇蕾便长出，在适宜的条件下 7 天左右即可形成批量的菇蕾。

（2）蹲菇催花（图 6-22）　幼菇分化后，当菇蕾长到 0.5 厘米左右，出菇多的菌袋，要把不圆整的小菇去掉，保持菇与菇 3 厘米以上的距离，每袋留菇 3 ~ 10 个，多余的弱小菇用小刀割除。气温要求 8 ~ 16℃，散射光，加强通风，空气相对湿度在 85% 左右。当幼菇长至 2 ~ 3 厘米时可开始催花。

图6-22　催花

①形成花菇的条件是：低温、干燥、强光、大通风、大温差。较适宜的环境温度是 6 ~ 18℃，昼夜温差 10℃ 以上，菇棚内空气相对湿度以 50% ~ 65% 为好，菌袋内基料的含水量以 55% 为宜，最好有微风吹拂，并给较强光照刺激。

②催花的具体措施：晴天每天上午太阳照射菇棚的时候，也就是冰冻开始融化时，把整个薄膜掀掉降湿，增加光照；夜间温度低于 5℃ 盖膜。大雾、雨天和雪天，白天把棚两头掀起，让其通风，不能让菇蕾结冰，可用火道烧火加温的方法将棚内湿气排出；晚间通过降温的方法迫使香菇的表皮组织干燥停止生长，这样内外生长不同步，表皮干裂，形成花菇。（注意有 4 级以上大风时需要盖好棚；不能让强风把小菇吹干。）

（3）保花管理（图 6-23）　花菇催出后，为使菌盖继续增大、增厚、裂纹增宽、花纹增白，仍需进行一段保花管理。幼菇在室外温度 3 ~ 15℃ 时，要求棚内温度 8 ~ 18℃，空气相对湿度在 55% 左右，加强通风，全光育菇，防止菇棚内地面回潮或受到阴天、雾天的影响，严防菇棚内空气相对湿度增加到 70% 以上，否则花菇会由白变黄，使产品等级下降。若遇阴雨天气，人工又难以改善棚内高温条件的，也可提前采菇。

（4）间歇养菌　每采收一潮菇后，菌袋要休养一段时间，一般7～10天，条件是温度20～25℃，空气相对湿度在75%～85%，暗光，适当通风。一般情况下养菌与浸水相结合，即浸水后的菌袋竖直排放在铺有麦草的平地上，上覆薄膜保湿，充分利用自然条件，调控温、湿、光、气，促使菌丝恢复生长，积累营养，有利于提前出菇。

图6-23　保花管理

3）春菇的管理　根据河南省的气候特点，3月下旬以后气温回升较快，气温达20℃以上，香菇生长速度快，培育优质花菇的难度增加。此期要对菇棚进行遮阴，以降温保湿为主，主要注意菇棚的通风。管理措施可参考秋菇管理。

进入4月中下旬后，菌袋出过几潮后，其养分已大量消耗，菌丝的活力和抗性相应减弱，加上气温较高，这时可采取埋土出菇的办法管理，冬季出菇量小的，正常出菇即可。

4）注意事项

①对于转色过厚和水分过大的菌棒应挑出，先用制好的钉排在菌棒上打刺4排16个孔（孔直径0.3厘米，深3～5厘米），然后养10～20天菌后再上架催菇，转色厚的菌棒在浸泡池浸水12～24小时，待菌皮软化后，再上架催菇。

②用上述方法催菇的菌棒适宜含水量为40%～55%。含水量低于40%的菌棒可提前少量补水养菌，含水量高于55%的菌棒不补水。

③温差催蕾的增温全程，每隔30分检查一次温升情况，超过35℃应立即通风降温。

④降温用多层黑网遮盖、喷水、强制通风或水幕帘，增温可用菇棚温湿调控机或其他增温设施。

⑤用上述方法催菇的菌棒若不能正常现蕾，同①法刺孔，然后养10～20天菌后再用上述方法催菇。

⑥幼菇期管理要适当疏蕾，即每个菌袋上不宜留太多的幼菇，要疏小留大，疏弱留壮，达到稀密适中，白天揭膜通风、增光，夜晚盖膜防潮，以培育厚菇或花菇。

3. 采收与转潮管理

1）采收标准　香菇子实体发育至适期时，即可适时采收。如不及时采收，菌肉变薄，色泽由深变浅，菌柄纤维素增多，质量差。一般来讲，菌盖6～8分展开的幅度，是采收的适宜期。为了提高经济效益，在适宜的采收期内，应按鲜售和干制的不同要求、不同标准采收。

（1）鲜售香菇的采收标准　当菇盖色泽从深开始变浅，菇盖将全部展开，边缘内卷，菌褶未完全伸长，孢子未开始正常地弹射，即菌盖有6～7分展开时，菇盖边缘的菌幕尚能清楚可见时是鲜售菇采摘最适期（图6-24）。此时菇肉质地结实，分量较重，外形美观。

图6-24　鲜菇采收标准

（2）干制香菇的采收标准　选择晴好天气，菇盖达7～8分展开，菌盖边缘内卷，内卷的边缘处尚与菌褶相连时采摘（图6-25）。花菇采收时，要在菌盖边缘未完全展开，即6～7分展开，菇盖边缘的菌幕尚能清楚可见时采收较适宜。

总之，香菇长大后，要及时采收。采收过早，影响产量，过迟则质量不好。边熟边采，采大留小，及时加工处理。

图6-25　干燥菇采收标准

2）采收时间和方法

（1）采收时间　采菇最好在晴天进行，因为晴天采的菇水分少，颜色好；雨天采的菇水分大。特别是干制香菇，雨天采收，难以干燥，且烘烤时颜色容易变黑，加工质量难以保证。采收前香菇上最好不要直接喷水。

（2）采收方法　冬季气温低，香菇生长缓慢，采下的菇肉肥厚、香气浓。春、秋季节在较高气温下长的菇，个大、肉薄、菇柄长。采菇时用拇指和食指捏住菇柄基部，左右旋转，轻轻拧下。不要碰伤周围小菇，不要把菇脚残留在出菇处，以防腐烂感染病虫害，影响以后出菇。采下后，要轻拿轻放，小心装运，防止挤压破损，以免影响质量。

采收时要注意采收方法，否则影响产品质量。采收时应注意两个问题：不要损伤菌盖、菌褶；采收后菌袋上发现有残断的菇柄及死菇，要随时用小刀将其挖干净，以防腐烂而引发霉菌感染。

3）转潮管理 整个一潮菇全部采收完后，要大通风一次，晴天气候干燥时，可通风2小时；阴天或者湿度大时可通风4小时，使菌棒表面干燥，然后停止喷水10～20天。让菌丝充分复壮生长，待采菇留下的凹点处菌丝发白时，就要给菌棒补水。注水所用的工具是注水枪，注水枪的前端是一个与菌棒长短相当的空心铁针，在铁针上开有很多小孔。注水时将注水枪的头部从菌棒顶端沿菌棒纵向插入，深度以没过铁针为宜。注水量要适中，注水后菌袋重量以菌袋原始重量80%～90%为宜。注水太少菌棒含水量不足难以出菇，太多容易造成菌棒腐烂，都会影响出菇。补水后，将菌棒重新排放在出菇架上，重复前面的催蕾出菇的管理方法，准备出下一潮菇。

七、袋栽香菇夏季栽培技术

袋栽香菇夏季栽培是指在每年4月中旬至8月底这一季节生产鲜香菇的生产模式。其工艺流程为：原辅材料准备→培养料配制→装袋→料袋灭菌→料袋冷却→料袋接种→菌丝培养→菌袋转色→催蕾出菇→采收加工。自然条件下，香菇栽培通常在每年10月至翌年4月出菇,每年的5～9月这段时间里基本上没有鲜菇供应市场。而进行夏香菇栽培，让香菇能够在5～9月出菇，这不但打破了香菇栽培时间的限制，填补了市场空白，使香菇实现了周年生产，而且大大增加了栽植的效益。袋栽香菇夏季栽培出菇前菌袋不用越夏，温度易调控，栽培成功率高，栽培技术易掌握，近几年的推广面积不断扩大，取得了较好的经济效益，为广大农民朋友们开辟了一条很好的致富门路。

（一）栽培袋的制作

1. 适宜的栽培时期　夏香菇制袋适宜时间长，一般月平均气温稳定在15～18℃时进行制袋接种。海拔为300米以下的平原地区，在10月下旬至12月下旬接种；海拔为400米左右的浅山丘陵区，于10月上旬至11月下旬接种；海拔为600米以上的高山地区,于9月中旬至11月上旬接种。这段时间制袋以偏早为好，太迟气温回升快，杂菌活力强，污染率高，养菌后期气温过高会影响香菇菌丝的正常生长，并且转色期易烧袋。

2. 品种的合理选择　栽培夏香菇在选择品种的时候要注意，所选品种必须是经过国家级或省级农作物品种审定委员会审定通过的品种，而且最好选择两种或两种以上的不同品种搭配栽培；品种习性应选择抗高温能力强、对温度变化温差敏感、10℃以下可正常出菇的中温偏高型菌株；菌龄应选择60～120天的中早熟品种。夏香菇栽培出菇早，菇形好，产量高，适宜鲜香菇出售，目前河南省大部分地区常选用的品种主要有931、808、灵仙一号、武香1号、南山一号等。

3.菌种准备 夏香菇制袋一般为每年10月至翌年1月，根据适宜的接种期，菌种应在9月中下旬开始准备，不建议种植户自己生产母种和原种，香菇母种、原种、栽培种一般从正规菌种生产厂家或科研单位购买，有条件的也可以自己购买原种扩繁栽培种，栽培种扩繁一般以栽培袋制袋时间向前推35～50天开始制种。

4.场地的选择与菇棚搭建

1）场地的选择 夏香菇栽培与春栽一样采取两场制，发菌场所和出菇场所不能在同一场地。发菌场所（图7-1），要求远离污染区、环境清洁，具备干燥、防潮、遮光、通风条件和保温性能良好的室内或温棚中。具有温度、湿度、光照、通风自动控制的智能温室是最佳的发菌场所。出菇场所要安排在夏季凉爽、没有病虫和杂菌污染源、水源充足、电源充足、排水方便、通风条件良好地方，土质以偏沙性土质为佳。

图7-1 发菌场所

2）菇棚搭建 养菌棚的结构和构建同春季节生产香菇的菇棚，出菇棚目前有4种选择：一是林下地摆出菇，二是在有水幕帘等降温设施的出菇大棚层架式栽培，三是遮阴棚下地摆出菇，四是遮阴棚下覆土栽培。

图7-2 林下出菇

（1）林下地摆出菇菇棚建造（图7-2） 选择5年以上树龄、株行距均匀的、地势平坦的杨树或泡桐树林搭建菇棚。遮阴率70%以上阔叶林下，要同时在林间地面以上3.5米高处加设遮阴率70%以上的遮阳网一层。若林下遮阴率低于80%，应加设遮阴率80%以上的遮阳网两层，黑网层间距50厘米，出菇场四周加围网遮阴。在林地下顺树行制作出菇畦。畦的深浅，应按地势高低来定，积水低洼地应做高出地面 18 ～ 20 厘米的畦床；平地不好排水的地方，应做高出地面 7 ～ 10 厘米的畦床；排水良好的地方，应做低于地面 10 ～ 15 厘米的畦床。建造宽（1.0 ～ 1.5）米 ×（20 ～ 50）米的出菇床面，两床之间留 50 ～ 60 厘米走道，每个床面纵向拉 5 根铁丝。间距 0.25 米，铁丝距床面高 25 ～ 30 厘米。铁丝两端用地锚固定，中间每隔 3 米设一顶柱。床面上用细竹竿或钢筋扎起小拱棚，高 80 ～ 100 厘米，上覆塑料薄膜，用以保湿防雨。

（2）层架式出菇棚的搭建　选通风、向阳、水源好、环境卫生、地面平整、排灌方便的地方搭建菇棚。搭建方法与春栽稍有差异，春栽要求出菇棚能保温，夏栽菇棚要求以降温为主要考虑指标，一般以跨度在 8 米以上、高度 3 米以上的大棚为佳，并需在塑料棚上方 50 厘米处安装一层遮阴率 80% 以上的遮阳网，大棚内安装水幕帘和雾化喷灌设施。也可将菇棚搭建在树荫下，这样才有利于隔热降温。棚内出菇架搭建同春栽模式，棚上覆盖薄膜，主要用于干旱时保湿和雨季防止雨水过量。在距离棚顶 100 厘米高的地方及四周搭建遮光率在 95% 的遮阴棚 1 ～ 2 层。遮阴棚的四边要比出菇棚长 1.5 ～ 2 米。遮阴棚四周要用遮阳网围好，创造弱光、阴凉、通风性能好的环境。

图 7-3　遮阴棚内地摆出菇

（3）遮阴棚下地摆出菇设施搭建（图 7-3）

①场地选择及规划。按照无公害生态环境的要求，场地应选择交通方便、地势平整、清洁卫生、水源较近、雨水不灌、便于管理的地方。据生产规模，参照黑网的规格，来规划场地。

②棚架搭建。场地规划后，在场地 4 个边角各栽一个角柱，角柱的直径为 10 厘米以上，地下部分为 50 厘米，地上部分 3 米以上，每根角柱用拉线 1 ～ 2 条，以求稳固。用 8#（细丝不能用，连片大网可用钢筋、钢索）铁丝在角柱最上端下 6 厘米处绕一圈拉紧、扎好，架设第一层边线。向下每隔 50 厘米绕边线 1 条，共 3 条。3 条边线架好后栽边柱，边柱的位置在边线垂直下方的地面上，从角柱（连片大网宜用电线杆）量起每隔黑网的宽度竖边柱一根，地下部分 50 厘米，地上部分略高于边线，设拉线 1 条，将边线固定在边柱上。两根对称的边柱拉一根 10# 铁丝，构成

经纬线，共3层。在经、纬两线交叉处竖支柱一根，支柱小头直径4厘米，地下部分20厘米，地上部分略高于边线，并加以固定。若利用树木，注意保护树干；利用房屋，墙壁要加膨胀螺丝等坚固的固定物，架网时，小心电线。搭建步骤：先架设最上第一层，黑网搭上后，再架设下一层。

③上黑网。把黑网宽度拉开，拉展，用20#铁丝或线绳将黑网一端逐段绑扎在一端的边线上，然后拉紧黑网，用铁丝或线绳逐段绑结在另一端的边线上。两端固定好后再固定两边。如上法分别上第二层、第三层黑网。最后挂围网，也可用其他作物秸秆代替，以防阳光照射。

用遮阴棚降温效果如何，主要取决于黑网棚的层数和层与层之间的距离，以及棚的总体高度。因此要求遮阴棚的总体高度应在3米以上，层间距应均应超过50厘米，棚的四周要挂围网。如果棚架坚固，收网及时，可连续多年使用。注意：越夏出菇时用3层网遮阴，而到9月出菇时，只需要1层网，可考虑把其余2层设成活动式。

④畦床建造，同"夏季林下地摆出菇模式"。

（4）遮阴棚下覆土栽培设施搭建（图7-4）遮阴棚搭建与遮阴棚下地摆出菇相同，畦床建造要根据菌袋的长度及菇棚的实际情况进行整畦，最大限度地利用菇棚。畦宽一般在130～140厘米，可平行排放3个菌袋。畦面整平或者稍呈龟背状，四周要挖好宽50～60厘米、深30～40厘米的排水沟，以利排水。整好畦后，畦

图7-4 遮阴棚内覆土出菇

面先撒上一层生石灰粉，在石灰上再铺一层薄的细沙。排袋前7～10天在畦面及菇棚四周喷80%敌敌畏乳油600倍液进行杀虫。畦面上盖好拱棚，1米³空间用气雾消毒剂3～5克进行熏蒸消毒，密封7天后即可排放菌袋。

3）栽培场地的准备与消毒　菌袋进养菌棚和出菇棚前必须要对场地进行消毒杀虫处理。利用高效无毒或低毒的化学药剂，如克霉王、美帕曲星、金星消毒液、消毒大王等消毒药品，配制300～500倍的溶液对大棚喷洒2～3次；1米³空间使用气雾消毒剂3～5克，密闭熏蒸2～3天；在大棚内喷洒20%达螨酮可湿性粉剂

800 倍液。林下和室外阴棚栽培的，要提前清理干净树叶和杂草，利用高效无毒或低毒的杀菌剂、杀虫剂喷洒地面。

5. 栽培原料的选择和常用配方 夏香菇的原料与春栽的原料一样，木屑以硬质阔叶树种为佳，木屑以专用粉碎机加工为好，最好木屑粒呈方块状。香菇培养基的配料方法有很多，一般使用的配方为：

配方一：阔叶硬杂木屑 79 千克，麦麸 17 千克，红糖 1.5 千克，石膏粉 1.5 千克，石灰 1 千克。

配方二：阔叶硬杂木屑 77 千克，麦麸 16 千克，玉米粉 3 千克，红糖 1 千克，过磷酸钙 0.5 千克，石膏粉 1.5 千克，石灰 1 千克。

配方三：阔叶硬杂木屑 76 千克，麦麸 18 千克，玉米粉 3 千克，石膏粉 1.5 千克，石灰 1 千克，磷酸二氢钾 0.5 千克。

具体选用哪种配方各地可以根据当地的资源条件择优选用，尤其要注意的是夏香菇在 10 月至 11 月上旬生产的，培养料中一定要加一定量的石灰以防止变酸。具体拌料方法和要求可参照春栽方法。

6. 菌袋制作

1）装袋　常压灭菌应选用低压高密度聚乙烯塑料袋，要求厚薄均匀，没有砂眼，不漏气，通常采用 3 种塑料袋，即免割袋、内袋和外袋。从各地成功经验看，夏季栽培香菇宜采用较细规格的菌袋，免割袋宽 15 ~ 18 厘米为宜，长度以 55 厘米为宜，厚度不低于 0.01 毫米；内袋一般较免割袋宽 2 ~ 3 厘米，长度 56 ~ 60 厘米，厚度 0.06 厘米；外袋规格长 20 厘米，宽 65 厘米，厚 0.002 厘米。免割袋是不用割袋，菇蕾能够自行顶破钻出的紧贴培养料的一层薄塑料袋；内袋是套在免割袋外面，用于保护免割袋、盛装培养料的一层较厚的塑料袋；外袋是在香菇栽培过程中，接种后套在菌袋外面，用于防杂、发菌保湿的一层薄塑料袋。装袋方法和要求与春栽香菇基本相同。在每年 10 月气温较高的季节装袋，要集中人力快装，一般要求从开始装袋到装锅灭菌的时间不能超过 6 小时，否则料会变酸变臭，影响香菇菌丝生长发育。具体操作规程可参照春栽方法。

2）灭菌　夏香菇栽培灭菌方法与春栽相同，均采用常压蒸汽灭菌，要注意的是装好的菌袋要当天灭菌，具体操作规程可参照春栽方法灭菌。

3）接种　夏香菇接种与春栽香菇基本相同，采用在接种箱、接种室或接种帐中接种。在环境气温低于 10℃ 条件下可在接种室和塑料接种帐中采用开放式接种，香菇料袋多采用单面打穴接种，要几个人配合同时进行，所以在接种室和塑料接种帐中开放式操作比较方便，接种要选择在凉爽干燥的晴天进行，具体操作规程可参照春栽方法接种。

（二）菌袋培养管理

1. 培育菌丝 秋、冬季接种栽培时气温低，接种以后以增温、促快发、早定植为主。在菌袋入棚前，先将发菌棚内打扫干净，然后用 2%～3% 来苏尔水溶液喷雾消毒，再用二氯异氰尿酸钠消毒粉烟雾密闭熏蒸 24 小时，每立方米用量为 3～4克，最后地面撒上石灰粉。接好种的菌袋排放可以堆高一些，菌袋整齐地成行顺码排放，层数控制在 10～15 层，堆高 1～1.5 米。棚内要留有走道，但排与排之间要留有空隙，便于通风降温和检查菌袋。当气温升高时再转换成"井"字形或"△"形堆，每堆 4～6 层。

接种后第一周内要注意加温，设法使袋内料温达到 24～26℃，空气相对湿度在 70% 以下，遮光，微通风，不翻动，促进香菇菌丝早萌发、早定植（图 7-5）。

接种 1 周后，随着香菇菌丝的定植和发育，料内温度会高出室温，严防袋内料温升高超过 28℃。这时要进行翻堆降低菌袋的堆放高度，目的是通风降温，促使上下发菌一致，防

图 7-5　菌种定植

止高温烧菌。当菌落直径达到 6～8 厘米时进行第一次翻堆，将菌袋改为"井"字形横竖交叉堆叠，前期每层排 4 袋，可以堆叠到 10 层，也就是 40 袋为一堆。菌丝需要在暗处培养，菌袋在培养期间要翻堆 4～5 次，每隔 7～10 天翻堆一次。翻堆时要做到里外左右侧向相互对调，目的是促使菌袋发菌平衡，翻袋时认真检查有无杂菌，如果发现有杂菌要及时处理。

接种后 11～15 天，菌落直径达 6～8 厘米时，解开外袋的扎口绳，以增加透气量，测定并勤观察料内温度，控制在 24℃ 左右，空气相对湿度在 70% 以下，加强通风。

图7-6 发菌中期菌袋

这项工作要结合翻堆进行。

接种后16～20天，菌落直径达9～11厘米时，即可将外袋脱掉（图7-6），温度控制在21～23℃，空气相对湿度在70%以下，加强通风。发菌前期、中期，能正常发菌者不刺孔；发现菌丝生长过于缓慢时，进行刺孔；含水量过大、起瘤过大者应刺孔。菌袋温度过高时不刺或少刺孔。

接种后30天左右，接种穴与穴菌丝已基本相连，可进行第二次刺孔。刺孔可结合翻堆进行。

2. 转色期管理 菌丝满袋后，有部分菌袋形成瘤状突起，表明菌丝将要进入转色期。转色期管理的最关键条件是料温，转色的最适宜料温是18～23℃，低于18℃或高于23℃，菌丝都不能正常转色。空气相对湿度以80%～85%为宜，给予充足的散射光照，保证供给新鲜空气，一般在最后一次刺孔后15～20天，转色就顺利完成了。

夏栽香菇的菌袋要求在5月以前转色完毕，管理要求是搞好通风，勤翻袋，使菌袋转色一致。菌袋转色的好坏决定香菇的出菇产量和质量。转色不均匀出菇也不均匀；转色过深、菌皮厚，出菇推迟或难出菇；转色正常一般菌皮呈现红棕色或红褐色，出菇正常，菇体中等，质量好；转色较差一般菌皮呈黄色或淡褐色，出菇早，易密集，菇质一般，产量较高；转色差的一般菌皮呈灰白色，出菇早而密，菇小而质差，产量很难提高。

在生产中，可采用不脱袋转色，其具体操作参照春栽进行，有的覆土栽培方式也可采用脱袋转色。脱袋转色要保护菌袋完整。管理操作时要轻拿轻放，避免操作时造成菌袋表面菌丝受损或菌棒断裂分段，影响正常生长。转色的菌袋，要注意保护好表面菌膜，以利出菇。

（三）出菇期管理

菌袋转色结束并出现少量香菇菇蕾时，将菌棒放入菇棚进行出菇管理。出菇模式有林下地摆出菇、大棚层架出菇、阴棚地摆出菇、阴棚覆土出菇4种方式。

1. 林下地摆出菇

1）脱袋排棒　将达到生理成熟的香菇菌袋，运到出菇场。清除早生的畸形菇，两两相碰，振动刺激后，脱去外袋。脱袋时要注意保护免割袋，用刀片轻轻划破并脱掉外层菌袋，两边交叉斜靠于菇床的铁丝上，菌棒与地面的夹角不小于60°，菌袋间距10厘米（图7-7）。然后补水催蕾出菇。

图7-7　摆袋

注意事项：能否脱袋主要看菌棒的生理成熟度、转色程度以及报信菇出现的数量状况来决定。菌袋必须达到完全生理成熟才能摆袋催菇。判断菌袋是否达到生理成熟方法：看菌龄，一般中温偏高菌株70天左右，从接种日算起到离开养菌室之前的天数；看形态，产生瘤状物达到2/3左右，这表明菌丝已分解和吸收积累了丰富的养分，是生理成熟向生殖生长过渡的信号；看色泽，袋内布满浓白菌丝，长势均匀旺盛，气生菌丝呈棉絮状，袋外看已转色，吐黄水，是进入生殖生长的信号；看基质，用手抓菌袋有弹性感，表明已成熟，如果基质仍有硬感，说明菌丝还处于营养生长期。

2）菌袋补水　菌袋基质含水量在40%～60%，能正常出菇和生长，如含水量低于40%时，菇蕾便很难形成，需及时补水。注水器补水法：用空心金属管制成的注水器，管长25厘米，尖锥空心，有20多个小孔。注水时先在菌袋一端，用同样规格钢筋打一个注水孔，把高压喷雾器喷头取下，换上注水器针头，把注水器插入菌袋注水孔内，借助喷雾器的压力把水输入菌袋。

3）催菇（图7-8）　香菇属变温结实性菇类。昼夜温差大，菌丝生长速度变慢，促进养分积储，菌丝体集聚形成原基。检查菌袋含水量，若达40%以上，可以不注水，将生理成熟的菌袋拍打振动后，再放回原位，若含水量低于40%，应注水并振动。调控棚内环境温度在15～28℃，夜晚揭开覆盖的塑料膜，掀开通风口增大通

图7-8 催菇

风量降温，白天保持空气相对湿度在85%以上，适量通风，保持空气新鲜，结合喷水调控温差及湿度，并给以200勒以上的散射光照刺激，连续处理4～6天，促使菇蕾发生。原基形成后，逐渐分化成幼小菇蕾，这时，一定要注意保持空气相对湿度在90%左右，防止菇蕾枯死。菇蕾出得太多，可进行疏蕾。摘掉弱小菇蕾和丛生菇蕾，每个菌袋上保留10～15个菇蕾即可。菇蕾长到1厘米大时，已经具有一定的抵抗力，结合喷水，适当加大通风量。

4）生长管理　香菇子实体生长阶段，温度保持在30℃以下。依据河南省大部分地区的气候特点，进入5月后，外界气温开始快速上升。气温升高到28℃以上，要采取降温措施，必要时在遮阴棚上空高出50厘米处拉上2～3层遮阳网，遮阳网层间距50厘米，并结合雾化喷水使棚内的自然温度维持在32℃以下。幼菇期，空气相对湿度要保持在85%～95%。当菌盖直径为2～3厘米时，空气相对湿度降低到75%～85%。同时要求空气新鲜，有少量散射光。

5）适时采菇　林下栽培以市场上直接销售的保鲜菇为主，菌盖直径4.5～6厘米。菇形好，柄短，菌膜半脱离，菌褶刚刚暴露就要及时采收，立即出售，一般不存放。若需存放则要在香菇子实体5～6成熟时，就要采收，气调冷库0～4℃可存放1周左右。

6）潮间管理　一潮菇结束后，停水7～10天，使菌丝恢复生长，待采菇穴长出白色菌丝并倒伏，再恢复催蕾管理。然后视菌袋情况，补水出下一潮菇。不缺水的菌袋，不补水；菌棒重量减轻了35%～40%时必须补水。补水后的菌袋重量应是菌袋原重量的80%。

2. 大棚层架出菇

1）催蕾期管理　催蕾期主要任务是综合调控各项环境因子，促使香菇菌丝体分化形成菇蕾，在管理上主要是采取措施降温。

（1）菌袋补水　菌袋失水不严重的，最好不补水，失水太多必须补水，补水量可参照春栽模式，但决不能太多，导致不出菇或是发生黏菌等杂菌而烂袋。

（2）催蕾　香菇属变温结实性真菌，将生理成熟的菌袋脱外袋后两两相互拍打，给予较强的机械刺激振动处理后，排放于层架上，袋与袋间隔 10 厘米左右。该阶段温度保持在 18 ~ 28℃，结合喷水和通风，创造 5 ~ 10℃ 的温差；空气相对湿度控制在 85% ~ 95%，辅以 300 勒以上的散射光照；适量地通风，使棚内保持较清新的空气。约 1 周即有小菇蕾现出。

2）幼蕾期管理

（1）温度　幼小的菇蕾适应不了外部恶劣环境，空气干燥会脱水死亡。这一阶段菇棚温度要控制在 20 ~ 30℃，注意利用水幕帘和雾化喷水设施降温，最高温不超过 30℃。

（2）湿度　根据气温变化，放下出菇棚四周塑料薄膜保湿，采用空中喷水和地面洒水相结合的方法增湿。每天喷水 1 ~ 3 次，维持空气相对湿度在 85% ~ 95%。如果气温升高，可掀起少部分塑料布通风，并增加喷水次数和喷水量，直至菇蕾长到 1 厘米左右时。为保持棚内湿度，应坚持勤喷、少喷的原则。

（3）光线　给予少量的散射光刺激，但避免强光直射。

3）生长期管理　当菇蕾直径达到 2 厘米以上时，已经有了较强的适应能力，生长发育速度加快。每天掀膜通风 4 ~ 6 次，每次 30 分，或将棚两侧的塑料薄膜掀起 1/4 进行小量不间断的通风，并将空气相对湿度稳定在 80% ~ 85%。随着子实体的不断长大，应不断加强通风，逐渐降低温度，抑制子实体生长速度，培育短柄、形好的优质菇。

4）成熟期管理　香菇的采收，应根据不同的用途和客商的具体要求分别对待。由于夏季袋栽香菇出菇期气温高，香菇生长迅速，所以适时采菇非常重要，每天都要观察香菇的生长情况，在香菇的菌盖没破膜前（六分成熟时）及时采收，必要时每天采收 2 次。采收后马上整理，及时包装外运或冷藏。

（1）保鲜菇　菌盖直径 4.5 ~ 6 厘米。菇形好，柄短，菌膜半脱离，菌褶刚刚暴露就要及时采收，立即出售。若需存放时间稍长，在气调冷库 0 ~ 4℃ 中可存放 1 周左右。

（2）加工菇　厚菇边缘内卷，菌盖中央隆起时采收；薄菇边缘内卷，菇盖中央平展时采收，并及时烘烤，不可存放，以防形成次菇。

5）潮间管理　香菇菌袋每一潮菇结束后，综合配置各项环境因子，让菌袋进行一段时间的养菌，使菌丝恢复生长。控制菇棚温度 25℃ 左右；降低菇棚空气相对湿度至 80%；养菌 10 ~ 20 天，菇穴内发白；菌袋补水至原始重量的 80% 即可出下一潮菇。补水不宜多，不宜早。

3. 夏季阴棚地摆出菇模式

1）脱袋摆袋　可参照林下地摆出菇模式进行。

2）催蕾　遮阴棚下的温度不如林下好控制，主要依靠通风和喷水来调控温湿度，催蕾温度控制在 18 ~ 26℃，温差 5 ~ 8℃，保持 5 ~ 7 天，最高温度不能超过 30℃；棚下的空气相对湿度控制在 80% ~ 95%。白天气温高时，地面喷水，适当开通风口控温保湿。夜间加强通风降温，拉大昼夜温差，刺激菇蕾形成。

3）生长管理　香菇幼菇期对菇棚的温、湿度要求较高。温度保持在 20 ~ 26℃，最高不能超过 30℃。空气相对湿度要保持在 85% ~ 95%，菇蕾大小 1 厘米时，每天早、中、晚各喷雾状水 1 次，保证菇棚地面和菇蕾的潮湿度。当菌盖直径为 2 ~ 3 厘米时，空气相对湿度降低到 75% ~ 85%。同时结合喷水加强通风，保持空气清新，并给予少量散射光。

4）香菇采收和潮间管理　同"夏季阴棚地摆育板菇出菇模式"。

4. 夏季阴棚覆土出菇模式

1）模式的优点　与常规栽培（冬菇）相配套，可实现周年生产。无须搭建地架，覆土后整个栽培生产期间可省去注水、浸水等工序。生产周期短，收益快，效益高：一般从 2 月下旬开始制棒，10 月下旬结束，全生产周期仅需 8 个月，而常规菇生产需 1 年。菇质优、产量高：地埋菌袋所处的环境温度较低，产出的香菇品质好；另外，香菇菌袋还能吸收部分覆土层中的养分，产量更高。改变菇棚环境条件，降低病虫越夏基数，减少烂袋。

2）品种选择与季节安排　对于反季节覆土栽培所用的香菇品种有其特殊的要求，即出菇温度高、抗逆性强、产量高、菇质优。品种应以武香 1 号、南山一号为主，搭配 L26、931 等。栽培季节一般安排在每年 12 月至翌年 2 月底制作菌袋，3 月初至 4 月 20 日菌丝发满袋，3 月中旬至 4 月底炼棒，4 ~ 6 月覆土，5 ~ 10 月出菇。制袋时，不采用免割袋。灭菌、接种、养菌、转色管理与春栽相同。

3）整畦及炼棒排袋　菌袋转色完成后采用大棚内或树荫下覆土出菇方式（图 7-9）。

（1）整畦　在大棚内依大棚走向而定，两个畦之间挖宽 20 厘米、深 30 ~ 40 厘米的小沟，用于出菇期灌水降温、保湿。

（2）炼棒排袋　炼棒是高温菇生产的一个很重要的环节，也是在栽培工艺上区别于常规栽培香菇的地方。炼棒处理与普通菌袋转色不同，办法比较简单，当菌丝长满全袋半个月左右，即可选择晴天陆续搬入预先准备好的阴棚内养菌与炼棒。菌袋发满后，袋内刚开始转色至转色不足一半之间时，脱掉菌袋，一袋紧靠一袋平卧于畦面上，覆盖

图7-9　树荫下覆土出菇

薄膜，给予适宜的温湿度、光照和充足的通气条件，促使转色。炼棒可以增强菌棒抵御自然环境的能力。让菌棒平贴地面，较少接受光照、温差、干湿、新鲜空气的刺激，能够积累充足的养分，但基本不长菇。

注意在操作时轻拿轻放，以免损坏菌丝或造成过早出菇。在菌棒转色期间，对长于菌棒下面的香菇要全部采摘干净，以免覆土后发生霉烂。

4）覆土材料及处理

（1）覆土材料　覆盖用的土壤要求土质疏松、无虫卵、不结块、保湿性好，宜采用有无农药污染残留和虫害的半沙性土，一般每袋0.4千克左右。覆土的含水量一般要求手捏成团，抛之则散。

（2）覆土材料处理　在准备覆土前的7～10天，根据菌袋数量备足覆盖用土，并拌入土量1%～2%的石灰，堆成一堆，喷上敌敌畏，盖好塑料薄膜，用福尔马林或气雾消毒剂熏蒸消毒，密封7天，进行除虫灭菌。

5）覆土　先将炼棒结束的菌棒相互拍打，给予较强的机械刺激。然后将菌棒平卧顺码排放在菇畦上，再将预先准备好的覆土材料填满菌棒间的缝隙，菌棒上面约占整个菌棒面积的1/4不必覆土。然后连续喷水3～5次。给覆土补水的同时，补平填实菌棒表面的覆土。

注意事项：有菇蕾发生的菌棒应将菇蕾朝上方露出畦面或摘除干净后再覆土，有霉烂的菌棒应及时处理，畦边要覆土材料密封。

6）出菇管理　覆土结束后，整个出菇管理期间，管理技术措施都是围绕降温、通风、保湿而展开，特别是高温期的降温工作。覆土后盖膜2～3天，以刺激菌棒

完全转色，气温不超过 28℃ 时，以保湿为主，应闭紧菇棚。气温高时可在中午掀膜通风 1 次。只要季节适当，覆土后 7 ~ 15 天即可见大量菇蕾形成。现蕾后，应加强通风，并保持土壤湿润，一般可隔天喷 1 次水，为防止土壤粘到菇体上，喷水以喷雾为佳，所用的水要求卫生清洁，严禁喷污水；防止泥沙、杂质等污染香菇，影响品质。畦沟内一般保持有少量水，但当气温在 28℃ 以上时，可用白天灌水、夜间排水的方法来进行降温和拉大温差。

7）采收　根据不同的销售方式进行采收，保鲜菇要求在菌膜未破时采收，脱水烘干菇可在菇体八成熟时采摘。因气温高，为了保证菇质，每天应分早、中、晚 3 次采摘，需注意的是，若采下的鲜菇的菇柄上带有少量的泥土，应当场用刀削去，或剪去带泥的菇柄，以免污染其他菇体，降低香菇品质。

8）潮间管理　头潮菇采收完后停止喷水 4 天，盖膜养菌。1 周后，根据气候情况，每逢变温天气来临，用软物拍打菌棒，加大喷水量，进行温差刺激、干湿交替管理，结合调控光照、通风等外部条件，以促进菇蕾的再次发生，一般整个栽培期可采收 4 ~ 6 潮菇。

5. 夏季香菇管理应注意的要点

1）菌袋清理　清理干净菌袋上采菇留下的菇根及其他杂物；清理菌袋上感染病害的部位，并用石灰粉覆盖患部。

2）菇棚（场）清理　清理干净菇棚（场）内留下的菇根、菇屑、树叶等一切杂物；清理菇棚（场）感染病害较重的菌袋，并用 1% 石灰粉溶液喷洒地面和四周墙壁。然后用杀菌剂和杀虫剂喷洒杀菌灭虫。

3）转潮管理　菌袋出完一潮菇，菌丝所积累的营养物质已被消耗，因此，每潮菇采收后都要进行一段时间的养菌，使菌丝恢复生长，积累养分，为下潮菇奠定物质基础。具体措施：一潮菇全部采收完后，要大通风 1 次。天干物燥时，通风 2 小时；阴天或者湿度大时可通风 4 小时，使菌棒表面干燥。温度控制在 25℃ 左右。空气相对湿度保持在 80% 左右，时间 10 ~ 20 天，让菌丝充分复壮生长。

八、秋栽香菇生产管理技术

秋栽香菇是指在每年秋季制袋，当年冬季和翌年春季出菇的一种袋栽香菇生产方式。其工艺流程为：原辅材料准备→培养料配制→装袋→料袋灭菌→料袋冷却→料袋接种→菌丝培养→菌袋转色→催蕾出菇→采收加工。以驻马店市泌阳为代表的"小棚中袋花菇"模式是袋栽香菇秋季栽培的主要模式之一。

（一）栽培袋的制作

1. 栽培时期的选择　其栽培季节选择主要考虑的是当地的气温条件，旬平均气温应在 26 ~ 28℃，旬气温在 30℃ 以下；接种时间太早，气温高于 30℃，各类杂菌污染严重；接种太迟，低温来临影响当年出菇，若推迟至 10 月接种，则每推迟 10 天，出菇期将推迟 1 个月。适期栽培不用增温设备，经 60 ~ 70 天的发菌培养，出菇时适逢低温干燥的自然气候条件，非常适宜优质花菇的生产。适期栽培的菌袋春节前可采收 2 ~ 3 批优质冬菇，春节后又可采收 1 ~ 2 批春菇，一般从接种到出菇结束，需 9 ~ 10 个月时间。

在河南省的大部分地区，秋季栽培最佳种植时间应选择在 8 月中旬至 9 月底，一般应根据各地实际情况具体对待。深山区气温相对较低，可提早至 8 月上中旬开始生产，浅山丘陵区可在 8 月中下旬开始，平原地区宜在 8 月下旬或 9 月上旬开始。

2. 品种的合理选择　秋季栽培香菇，应选择中温偏低的早熟品种。河南省大部分地区生产中常选用的品种有 087、856、雨花 2 号、9015 等，这些品种菌龄短，出菇早。

3. 场地的选择与菇棚搭建　秋栽香菇的发菌和出菇场地与春栽基本相同，可参考春栽模式中的要求搭建，但出菇棚要便于调节小气候，宜采用"一二一"小棚出菇。

4. 培养料的选择与配制　培养料是香菇生长发育的基础，选料是否优良，配比是否恰当，干湿是否适度，掺混是否均匀，酸碱度是否达到要求，直接影响香菇菌丝的长势和香菇产量的高低。在诸多原材料中，以纯栎木屑为最好。棉柴、果树枝、桑枝条、秸秆等粉碎后与栎木屑科学配比也是较好的主料，棉籽壳也可搭配使用。生产中常用的配方有以下几种。

①纯木屑 1 000 千克，麦麸 150 千克，玉米粉 50 千克，石膏 10 千克，生石灰 10 千克。含水量 50% 左右（包括木屑本身水分含量），pH 7 ~ 8。

②木屑 33%，棉柴粉 35%，麦麸 15%，玉米粉 15%，石膏 1%，生石灰 1%。含水量 50% 左右，pH 7 ~ 8。

③木屑 33%，棉柴粉或棉籽壳 30%，豆秸（或玉米芯）20%，麦麸 10%，玉米面 5%，石膏 1%，生石灰 1%。含水量 50% 左右，pH 7 ~ 8。

5. 培养料的混拌　按选择配方和灭菌的容量计算，准确称量当天应配制的各种原料，按春栽方法和要求拌料。

6. 装袋、灭菌　拌好料后，用准备好的塑料筒袋装料。注意原料拌好后必须当天装完灭菌，其方法和春栽模式相同。灭菌结束后，当料温降至 70℃ 左右时，抢温出锅，迅速运入接种室。下雨天、大风天不要出锅，推迟到天好时出锅接种。

7. 接种　接种是香菇生产的又一关键环节，无菌操作是否严格直接关系菌袋成品率。

1）接种室消毒

（1）接种室提前消毒　料袋放入接种室前 5 天对已打扫干净的房间进行第一次硫黄熏蒸消毒。要事先将接种用具（桌子、衣帽、接种工具、小喷雾器、锅和其他用具等）提前放入，清水喷湿空间后，用硫黄 1 千克点燃熏蒸空间，封闭门窗进行消毒。

（2）接种前消毒　料袋进屋后，当袋温降到 50℃ 以下时，把检查好的菌种、消毒剂放进室内，用消毒盒进行第二次消毒，一般按每立方米空间用 5 克二氯异氰尿酸钠，点燃熏蒸半小时后，接种人员可以进入接种室接种。

（3）接种期间消毒　接种期间，房间的门窗尽量不要开启。如因天气太热开门，要在窗上挂用 5% 金星消毒液 200 倍液浸过的纱布，并每半小时浸一次。接种期间室内每半小时喷洒一次 5% 金星消毒液 200 倍液。

（4）接种后消毒　接种室和发菌室在同一房间时，接完种后，清理菌种瓶、碎玻璃及破袋、工具等出屋，稍许通风换气后，用气雾消毒盒熏蒸，密封门窗2～3天。然后在3～15天期间每天通风时，5%金星消毒液200倍液喷洒一遍，保持发菌室环境卫生，可有效降低菌袋污染率。

2）接种时间选择　由于香菇秋栽时，外界气温较高，接种一般安排在夜间或清晨，这段时间气温较低，空气流动少，接种成品率高。白天和雨天不宜接种。

3）菌种处理　由于菌种培养时间长达40～50天，棉塞、菌种瓶周身附有许多杂菌，因此接种前在接种室内要进行菌种预处理。先用酒精灯烧棉塞，用75%乙醇擦瓶身，而后用小铁锤敲碎瓶底、瓶身，留瓶颈作为接种人员手拿部位，尽量不使原菌种上部的空隙部分暴露。而后再用酒精棉塞擦去菌种外围的碎玻璃，然后递给接种人员接种。注意接一瓶敲一瓶，不要存放敲破的菌种。

4）接种操作　接种应在严格的无菌条件下进行，根据接种时间可采用不同的接种方式，一般秋天接种采用简易接种箱或塑料接种帐内进行（图8-1）。接种操作可参照春栽方法，使用长枝条菌种接种时，把长菌条从菌种口抽出，在料袋两端上两侧面靠近表层1厘米处，各

图8-1　接种帐内接种

插入一根，穴口露出1～2毫米长菌条头，然后放入发菌室进行培养。用此法接种，发菌快、发菌整齐、操作简便、周期短。

5）菌袋摆放　接种后的菌袋顺码起来，堆高5～10层，让菌种快速萌发生长。当菌种萌发侵入培养料后，应立即将菌袋呈"井"字形摆放，层高8～10层，堆与堆之间留10厘米以上空隙以利于通风散热。

（二）栽培袋培养

1. 发菌期管理　发菌期要求菌袋培养料的温度应控制在24℃左右，空气相对湿度在70%以下。发菌环境要求清洁卫生、维持温度基本恒定，暗光、通风良好。秋栽发菌期管理通常分为3个主要管理阶段：

图8-2 定植期菌袋

1）菌丝萌发定植期（1～6天） 接种后的菌袋，第一至三天接种穴菌种块菌丝变白恢复活力，称为萌发期；第三至第六天菌丝萌发并逐渐侵入接种穴周围培养料，称为定植期。此阶段菌丝生长较慢，菌袋基本不产热，为促使菌丝快速萌发定植，室温可控制在28～30℃，一般不通风，更不要翻动菌袋，若此时室温低于23℃,可采用塑料膜覆盖菌袋提高袋温；若室温高于30℃,需通风降温。经6天培养，接种穴周围可看到白色绒毛状菌丝（图8-2），说明菌种已萌发定植。

2）菌丝生长发育期（7～30天）

（1）接种后7～10天 接种穴口菌丝进一步侵入培养料，菌落直径可达2～3厘米。室温控制在26～28℃，早、晚各通风一次，每次20～30分，同时进行第一次翻堆检查。发现杂菌应立即处理，以后每隔7～10天翻堆1次。

（2）接种后11～15天 菌丝吃料达4～6厘米，菌丝生长旺盛，菌袋开始产热。袋温与室温相等或略高1～2℃,此时室温控制在24℃，加强通风，适当降温，进行第二次翻堆并脱去防杂外袋。

（3）接种后16～20天 穴口菌丝直径达7～10厘米，菌丝大量增殖，菌丝代谢旺盛，会大量产热，袋温会高于室温，室温要控制在22～24℃，应加大通风，管理以降温为主，并随时测量袋温，不可使袋温超过27℃。

（4）接种后21～30天 此时穴与穴之间菌丝相连，并逐渐长满全袋，此时菌袋内氧气不足，管理上要拔出菌种枝条并适时刺孔增氧。此段时间菌袋大量产热，袋温会高于室温5～10℃，应特别注意加强通风，严防袋温超过32℃。必要时可采用地面喷水结合电风扇强制通风，以降低温度。本阶段是提高菌袋成品率的关键时期，这一时期应做好以下三方面的工作：

①搞好环境消毒。香菇秋季栽培养菌前期气温和空气相对湿度较高，各种杂菌异常活跃，接种后10天内，菌种和萌发菌丝活力较弱，是污染的高发期，要搞好环境消毒。在接种穴菌丝相连之前，每天发菌棚通风后要喷洒50～100倍的金星消毒

液进行消毒，并在接种后第六天就要翻袋检查杂菌。

②控制温度严防烧菌。此阶段翻堆后或刺孔后，容易引起升温，天气长期闷热易引发烧菌。故在管理上应勤观察、勤通风，降低堆高，随时观察温度变化，及时采取降温措施。刺孔要分批分期进行，室温超过30℃的湿热天气不翻堆、不刺孔。

③及时发现和处理杂菌污染袋。根据发生杂菌类别采取以下几种不同措施。

A.绿霉是香菇生产的大敌，对发生绿霉的菌袋应依据发菌情况区别对待：

香菇菌穴菌丝在8厘米以内，多穴感染的视为报废袋处理；整袋只有一两处感染应早发现、早隔离，并干净彻底地将病菌穴挖掉，用胶带封口。

菌穴菌丝超过8厘米后感染绿霉，可将袋放在低温通风处，让香菇菌丝去慢慢吃掉杂菌。

B.毛霉在发菌期前期危害大，尤其在香菇菌丝未定植或刚定植（菌穴不超过4厘米）发生感染的，做报废处理；一旦香菇菌穴菌丝直径超过4厘米就不要处理病穴，虽影响生长但不影响菌袋成功率。

C.发现黄曲霉、链孢霉感染的应立即挑出隔离，以防传染。

无论是发生哪种杂菌都应采取降温处理，低温有利香菇菌丝生长，抑制杂菌生长。同时还应在感染袋子的纯香菇菌丝区刺孔增氧，以促进香菇菌丝生长。

3）瘤状物发生期（30～35天）　经过一个多月的培养，菌丝逐渐长满菌袋，接种穴周围菌丝首先扭结，表面隆起形成瘤状物。此时菌丝生长旺盛，需氧量增大，要进行刺孔增氧，一般选择低温晴天进行刺孔，阴雨闷热天气不刺孔。刺孔一般每隔4～5天1次，每次刺30～40个，分3～4次完成。每个菌袋共需要刺80～150个，刺孔要逐次加大、加深，第一次用牙签，第二次用毛衣针，第三次用专用刺孔机，位置处于接种穴之间。料袋含水高、料袋过实、料袋瘤状物形成慢、料袋转色慢、料袋局部感染等情况下多刺孔、深刺孔；反之，少刺孔，浅刺孔。

刺孔后菌袋内通氧量增加，菌丝的生长加快，菌袋会产生"自升温现象"，因此要勤检查，注意通风降温；保持空气相对湿度在70%～80%，促进菌袋生理成熟。如果45天仍没有瘤状物发生，说明温度偏高或严重缺氧，要注意控温和通风。

2. 转色期管理

1）转色方法　在冬季气温较低时，应将菌丝已长满且表面形成许多瘤状物的菌袋，进行转色管理，方法是：将已达到生理成熟的菌袋，即表面出现许多瘤状物，接种孔周围开始出现褐色，有弹性感的菌袋移到塑料大棚内，脱袋或不脱袋排放在养菇棚内，关闭塑料大棚；温度保持在 18～22℃，空气相对湿度保持在 80%～85%。空气相对湿度低时，应在地面上洒水来增加棚内湿度；给予散射光照，让菌棒表面菌丝恢复生长。经过 4 天后，每天早上揭开大棚两端塑料薄膜进行通风换气 30 分左右，适当降低空气相对湿度，补充新鲜空气，防止菌丝体徒长，形成过厚的菌皮。

2）转色标准　转色标准与春栽方式相同。菌袋转色不良，菌袋表面菌皮褐白相间，或有的没有转色，是不宜进行出菇的，否则易出现木霉侵染，造成烂袋。

（三）出菇期管理

想要实现高产优质，必须创造出适宜香菇原基分化、菇蕾产生、子实体生长的条件。生产中常通过调控菇棚小环境的温度、湿度、光照、通风量等技术措施来促使香菇正常生长。

由于香菇原基分化、菇蕾产生、幼菇生长、花菇培育等阶段所需要的环境条件各不相同，因此应分棚管理。香菇秋栽出菇季节外界气候条件适宜出高质量花菇，在管理过程中宜采用 4 米跨度的中棚出菇，利用"双棚法催蕾培育花菇技术"，即在一个棚里保湿、增湿、催蕾、育幼小菇，在另一个棚里采取干燥、强光措施培育花菇。或一棚两制育菇法，即一般在棚外催蕾，棚内上部催花、育花、保花，下部用来培育幼菇和蹲菇。这样既能保证产量，又能保证质量。

1. 出菇管理

1）催蕾　菌袋经恒温培养、适度转色等发育过程，菌丝已积累大量营养达到生理成熟，应进入催蕾阶段。外界气温为 8～21℃时，是催蕾的最佳时间。由于年前出的菇质量好，价格也高，应及时转入催蕾管理阶段。

（1）催蕾场所

①菇棚层架催蕾。将菌袋脱去外袋后横排在棚架上，袋间距 4 厘米左右，补水后催蕾。

②室外地面催蕾。先在地上铺一层麦草地或沙，再将菌袋脱去外袋后竖立摆放，盖上草苫和薄膜。低温季节多在地面催蕾。

③室内催蕾。先在室内地上铺一层麦草或草苫，再将菌袋脱去外袋后竖立摆放，盖上棉苫和薄膜。低温季节多在地面催蕾。

（2）催蕾条件　白天温度控制在 15 ~ 20℃，夜间温度 8 ~ 10℃，昼夜达 10℃ 以上的温差刺激；空气相对湿度达 80% ~ 90%；控制培养料内含水量在 50% ~ 55% 较合适；保证充足的新鲜空气和散射光线。

（3）催蕾方法　在发菌期间由于刺孔增氧，培养料水分损失较多，通常偏干，故在催蕾前要进行注水器补水或浸水处理。使菌袋达到装袋初始的重量，一般补水后培养料含水量应控制在 50% ~ 55%，然后进行催蕾。补水方法同春栽方式。不同催蕾场所方法有一定差异。

①棚架催蕾。减少遮阴物给予一定的散射光照，光照强度达到 100 勒以上；同时加大温差刺激。方法是：在晴天白天关闭塑料大棚，增加棚内温度；夜间将大棚两端的塑料薄膜揭开，降低棚内温度，利用昼夜温差来刺激出菇，连续处理 4 ~ 5 天。期间若棚内温度高于 25℃ 时，要加强通风降温，同时，在塑料棚上加盖遮阳网隔热降温。

②室外地面催蕾。外界温度低时可竖放两层，用薄膜盖严两天两夜，第三天上午掀开通风 10 分，并在盖膜前用 60℃ 的热水浇袋子，连续处理 3 ~ 6 天即可现蕾。

③室内催蕾。一般在气温较低时采用，将菌袋竖放两层，白天用薄膜覆盖严实，并在薄膜下边（堆中间较好）加温，使袋温达到 20℃ 以上，晚上掀开薄膜并打开门窗降温形成温湿差，连续处理 3 ~ 6 天即可现蕾。此外，采取拍袋"惊蕾"也有助于原基形成，尤其是对菌皮较厚的袋子效果更好。具体方法是：用手拿住两个袋子相互拍击，或用木板拍打袋子，这种方法对刺激原基形成有一定的作用。

（4）原基分化　原基形成后，必须创造适宜菇蕾形成的条件，才能促使原基分化为菇蕾。控制空气相对湿度在 85% 左右，温度 15℃ 左右，给予散射光刺激，每天早、晚各通风 1 次，每次 30 分，保证空气新鲜。温度高时，通风时间长些，温度低时，可采取中午通风，处理 3 ~ 6 天，就会有大量菇蕾产生。生产中常出现菌袋转色过度或培养期间气温高菌袋表层出现坚硬菌皮，导致菌袋迟迟不出菇或出菇很少的现象，通常采取假催蕾的措施解决。具体操作方法是：当菌袋转色 70% ~ 80% 时，把温度降低到 15℃ 左右，达到催蕾的温度条件，增加光照，保持空气新鲜，翻袋 1 ~ 2 次，7 ~ 10 天后即能出现白色"爆米花"状菇蕾。菇蕾出现后在菌袋上多刺孔，使袋温提高到 25 ~ 28℃，3 天后出现的假菇蕾会自动老化、死亡，再常规养菌 10 ~ 20 天后催蕾出菇。催蕾前，把袋温提高到 27 ~ 28℃ 保持 4 天，增强菌丝分解木质素、纤维素的能力，积累足够的营养，为多出优质菇打下基础。现蕾后，开始进入出菇管理。

2）定位留菇

（1）疏蕾　成熟的菌袋催蕾后每个都会有大量的菇蕾形成，要每天检查菌袋及时疏蕾，根据每个菌袋上菇蕾的多少和菇蕾的形状而采取选优去劣，进行疏蕾（图8-3）。先根据出菇情况把菌袋放好，然后留袋子上面和两侧的菇蕾，菌袋下面的菇蕾一般不留，以提高菇的质量。菇蕾间距5厘

图8-3　疏蕾

米左右，每袋留5～10朵为好。疏蕾即是对畸形菇、丛菇、并列菇和密度大的菇蕾进行剔除，剔除最简单的方法是当菇蕾刚长出时，用大拇指往菇蕾上一压，使菇蕾消失即可，若菇蕾稍大些，则应用小刀割除。

（2）护蕾　幼蕾对外界条件适应性差，只有创造一个适宜的环境才能正常生长，否则会出现大量小菇蕾死亡。因此要保证小环境温度在10～12℃，空气相对湿度在80%～90%，适当给予散射光，早、晚通风保持空气新鲜。切忌菇蕾分化后2天内出现环境温度低于5℃、3级以上的大风和强光照射的环境条件。

（3）蹲蕾　刚出袋的幼蕾对环境抵抗力弱，需进行蹲蕾管理（图8-4），蹲蕾也称炼蕾、困蕾，目的是让幼蕾生长速度放慢，积蓄营养。蹲蕾时，将出菇棚内温度控制到15℃左右，昼夜温差拉大到5～10℃，空气相对湿度降至65%～70%，干湿差10%，加大通风，增强光照，维持5～7天，菌盖直径达到3～3.5厘米，然后进入育花管理。

2. 花菇培育　香菇秋季栽培由于出菇季节外界条件气温低、温差大、空气干燥，易于培养出优质花菇，其市场价格比普通香菇高出许多。花菇并不是某一优良菌株的固有特性，它是子实体生长过程中，在特定的环

图8-4　蹲蕾

境条件下所形成的一种特殊的畸形菇。它菇质密、菇肉厚，营养丰富，外形美观，成为人们喜食的菇中珍品。

1）花菇形成的机制　在强光、干燥、低温和大温差的条件下，当香菇子实体进入幼菇发育阶段时菌盖生长速度加快，菇柄发育迟缓或基本停滞，菌褶生长很慢。在一定温湿度范围内，香菇子实体细胞生长发育速度随温湿度降低而降低，菌盖表皮组织受干燥环境和低温抑制，生长缓慢甚至停止生长，外界环境变化对香菇菌盖内层细胞的影响要迟于表皮细胞，这就造成内外细胞生长条件的差异，出现子实体表皮细胞和菌肉细胞发育不同步，使菇盖内部组织生长发育快于表皮组织，内部组织逐渐密实和膨胀，表皮被胀裂露出白色菌肉。随着长时间的累积菌盖表面的裂痕逐渐加深，形成明显的花纹，这样就形成了花菇。菇盖在幼菇期裂开越早、越深、越明显，菇质就越好。

2）花菇形成的条件　花菇在低温、干燥、通风、强光、大温差等综合因素调控下容易形成。具体条件如下：

（1）温度　旬平均气温在 5～18℃。气温低，香菇生长缓慢，菇盖密实厚大，再加上干燥，就容易形成花菇；气温高，香菇生长快，菇肉薄，即使在干燥环境下也很难形成爆花菇，只能形成茶花菇（图 8-5）。花菇之所以肉质肥厚、质量高，其主要原因就是低温。低温下，从现蕾到长成花菇需 20～30 天。北方大量形成花菇的季节是 11 月至翌年的 3 月，即深秋、冬季和早春。

图 8-5　茶花菇

（2）温差　昼夜温差在 10℃ 以上。形成花菇的最佳温度最高为 22℃，最低为 0℃，温差 10℃ 以上。人工催花措施使棚内温度时高时低，不断交替，促使菌盖皮层干缩，菇内细胞猛长，导致"皮包不住肉"形成花菇。

（3）湿度　菇棚内空气相对湿度在 70% 以下，以 50%～65% 为宜。当外界环境干燥，空气相对湿度低于 60%，菇蕾内部细胞与菇盖细胞生长发育不同步，菌盖表皮生长慢，内部生长发育快，菌盖表面被胀裂。菇棚内空气相对湿度在 70% 以上不易形成花菇。

（4）菌袋含水量　菌袋含水量需保持在 60% 以下，以 50% ~ 55% 为宜。菌袋含水量在 65% 以上，很难形成花菇。因此补水时要掌握不能过量，过量补水易造成菌丝缺氧死亡，尤其在春季更要注意。

（5）通风量　在花菇生长期间，如遇 1 ~ 3 级微风、天气干燥晴朗，要昼夜揭膜，充分利用自然条件培育花菇。

（6）光照　光照对子实体的生理状态有直接影响。遮阴过暗，不易形成花菇；光照不足，花菇颜色不佳，白度不够。冬季和早春，需揭掉遮阳网全光育菇。

3）人工培育花菇技术　通过对温、光、水、气等小环境进行人为控制，促使子实体菌盖龟裂的一套综合技术措施，称为人工促花技术。从菇蕾形成到育成花菇分为 4 个管理时期：

（1）幼蕾生长前期　也叫蹲蕾期，菇蕾在 2.5 厘米以下，比较幼嫩，适应性差，遇到不良环境条件易萎缩死亡。为确保幼蕾健壮生长，但又不能快速生长，管理时应使棚内温度稳定在 6 ~ 10℃，保持空气相对湿度在 80% ~ 85%，遮蔽强光，小通风。当温度低于 6℃ 时，棚内需增温，但不可高于 10℃，否则生长过快，导致菇质疏松；若自然温高于 10℃，可采取遮阴、小通风的方法降温。空气相对湿度不宜太小，否则幼菇易干裂枯死。此期不需温差刺激，忽冷忽热会造成幼蕾萎缩死亡；也不需强光刺激，避免大通风，否则易引起幼菇生长不良，萎缩夭折。蹲蕾期需 5 ~ 7 天，让幼蕾缓慢生长，同时让养分在菌柄上集聚，使柄部增粗。蹲蕾的成功与否，直接影响花菇的形成，菌柄越粗壮，菇质越坚实，越有利于爆花菇形成。当菌盖长到 2.5 厘米左右，表面颜色开始变深时，就进入了幼蕾生长后期。

如采取连续出菇法培养，则应把需要蹲菇的菌袋放到棚架的下层。

（2）幼蕾生长后期　也叫初裂期，菇盖直径在 2 ~ 3 厘米。蹲蕾后，菌褶已形成，对外界不良环境适应性增强。此时若菇蕾太密，需再次人工选择（划口定位时的疏蕾选优是第一次人工选择），挑蕾选优，每袋留 6 ~ 8 朵，以便集中供养，使产生的每朵花菇形状圆整，柄短肉厚，菇质坚实。

保持棚内空气相对湿度在 55% ~ 65%，棚内温度控制在 10 ~ 15℃，增加光照，加强通风，适当加大湿差刺激。逐渐降低棚内空气相对湿度，使之形成干燥环境，在这段时间内不能受到 75% 以上湿度的影响，否则菇盖表面不开裂，会成为光面菇。为了防止夜晚棚内地面回潮，应铺薄膜隔潮或撒石灰、炉渣吸潮。湿度逐渐上调，但不能太高。在晴朗干燥天气，可加大两端空气对流或揭 1/2 棚膜，让微风吹拂。

若外界空气相对湿度大，棚膜要严密覆盖，加温排潮。加温应采用火道式，忌用明火直接加温，以免影响菇的内在品质。

初裂期管理目的在于继续集聚养分，同时使菌盖表面有裂纹出现，为催花管理奠定基础。具体措施主要是：通过白天的风吹日晒，16～17时盖棚后自然上潮（棚地面上洒水或加热水汽）3～5小时，使菇面上有发黏感，然后迅速加温排潮2个小时左右，使菇面发干，到第二天早上即有初裂现象。经7天左右，当菌盖长到3厘米时，进入催花管理期。

（3）催花期　当菇盖直径长到3～3.5厘米时，为提高花菇率并形成爆花菇可采取催花措施。催花的最佳时间要根据菌盖直径大小、菇表干湿程度、气象因素等具体对待，否则就不能达到理想效果。过早催花，菇易干裂夭折或只能形成花菇丁，仅有网状花纹，难以形成爆花菇；过晚催花，裂痕浅而窄。催花时对菌盖表面要"一看、二摸、三观察"：

一看，就是看菇盖表面鳞片，鳞片脱落，适宜催花。

二摸，用手抚摸菇盖表面，感觉柔软有弹性，可催花；若干燥顶手，说明空间湿度不足，若粘手发黏，说明湿度太大，都不宜急于催花。

三观察，观察棚内干湿温度计。若空气相对湿度大，可加强通风或通过加温排潮后方可催花；若空气相对湿度小，需用水壶蒸汽增湿或将水蒸气通入棚内增湿。同时还要不断观察各种因素，综合分析，把握时机，适时催花（图8-6）。

此催花方法将一夜分成3个阶段，即"湿—干—湿"，加上白天的"干"，形成"湿—干—湿—干"循环。16时多盖棚膜自然上潮，如太干可在棚内地面洒水，到夜里23时开始排潮到凌晨2时排干，可根据棚内实际潮湿度增减。

图8-6　适时催花

在初秋、春末季节因白天温度较高，当平均温度超过15℃，可采取白天升温、夜晚揭棚膜降温的方法，促使菇盖开裂。棚内香菇经3～4天的连续刺激，菇盖表皮就会迅速开裂，白色菌肉裸露，形成大量的优质爆花菇（图8-7），可使花菇率达到90%以上。

图8-7 爆花菇

（4）保花期　催花后的香菇，为使菌盖增大、增白、肉质增厚、裂痕加深增宽，形成大白花菇，还需要15～20天认真细致地管理培养。要求棚内温度控制在5～12℃，空气相对湿度保持在55%～65%，加强通风，全光育菇。若棚内空气相对湿度达70%以上，经3～4小时后，同时温度在15℃以上时，菌盖表面露出的白色菌肉上会再生出一层薄薄的表皮，初形成的细胞层很薄，为茶红色的膜，随着时间增长，且温度适宜时，菌盖表皮细胞增多，表皮加厚，颜色加深，把原来的白色菌肉覆盖，从而形成茶花菇，或红花菇，或暗花菇，而不是白花菇。因此，在白花菇生长过程中，为了保持菌盖表皮裂纹露出的菌肉呈白色且一直保持不变，控制空气相对湿度不超过70%是保花的白色不变的关键。在湿度大，温度在10℃以下时，菇体也会慢慢变红。防止空气相对湿度增大的措施，要根据潮湿不同来源采用不同的方法。可采取盖严菇棚，用塑料薄膜与外界空气隔绝，或在地面上铺上塑料薄膜，以及加温排湿等几种方法，根据情况选用。

在保花过程中，只要空气相对湿度不超过70%，就不需要加温、排湿。若处于长期干燥时须在菇棚内适当增加湿度，才能保持花菇正常生长，防止花菇干枯死亡。在5～12℃的条件下，花菇生长缓慢，但菌盖厚，柄短，质优。

3. 间歇养菌　每一潮菇采收后，菌袋要养息一段时间使菌丝恢复生长，使其积累营养，以利于下潮菇生长。适宜的养菌温度为(24℃±1℃)，空气相对湿度为55%～70%，遮光并使棚内空气流通，让菌丝迅速生长，分解吸收培养料内营养。菌袋养菌一般为10～15天；当采过菇的穴位又长出白色菌丝时为养菌结束，可进行催菇诱导下潮菇。

1）棚内养菌　当气温在10～20℃时，养菌可以在出菇棚内进行，一般不翻动菌袋。

2）地面养菌　当气温在4～10℃时，把菌袋放置地上，可以竖放或"井"字形堆放，白天引光增温，夜晚覆膜保温。当气温在4℃以下时，先在地下铺上3～4厘米厚麦草，调节温度。

九、香菇主要病虫害与防控技术

（一）香菇病害与防控技术

1. 香菇病害的基础知识

1）香菇病害的概念　香菇在整个生长发育过程中，由于受到病原微生物的侵害、培养基质被其他病原生物感染，或者不良环境因素的影响引起外部形态、内部构造、生理机能等发生变化，导致香菇菌丝体或子实体生长发育呈现异常状态甚至死亡，对香菇生产造成经济损失的现象称之为香菇病害。香菇病害防治的特点：发菌阶段以防治侵染性病害为主，出菇期间以防治生理性病害为主。

2）香菇病害的类型　根据香菇发病原因分为病原性病害和生理性病害2种。由病原生物引起的病害称为病原性病害，病原性病害分为侵染性病害、竞争性病害和围食性病害；由环境因素引发的病害称为生理性病害。

（1）病原性病害

①侵染性病害。病原物寄生在香菇的子实体或菌丝上，直接从香菇上吸收营养物质和水分，同时病原菌的代谢产物具有毒杀、抑制或消解香菇细胞或组织的物质。

②竞争性病害。病原菌直接在香菇的培养基质上生长，与香菇竞争养分、水分、氧气和生存空间等，阻碍香菇菌丝体在培养基上正常生长。这类病原菌也被称为竞争性杂菌。

③围食性病害。主要是指一些黏菌对香菇的危害，黏菌的变形体以改变形状的方式把香菇的菌丝或孢子包围起来，然后通过酶的作用将其分解吸收。

（2）生理性病害　主要是指在香菇生长发育过程中，由于香菇自身的生理缺陷或遗传性病害，或由于在生长环境中不适应的物理、化学等因素直接或间接引起的一类病害。它和病原性病害的区别在于没有病原物的干扰，在香菇不同个体间不能相互传染。生理性病害常引起接种失败、菌袋报废、无法出菇、子实体畸形、萎蔫或枯死等，在生产中经常造成巨大的经济损失。

2. 侵染性病害与防控技术

1）褐腐病　香菇褐斑病又称白腐病、疣孢霉病、水泡病、死芽子病，病原为疣孢霉菌。

（1）症状　主要危害香菇子实体，受害的子实体停止生长，菇盖停止发育，菌柄变形膨大，其表面布满白色棉毛状小菌丝，随之转变成暗褐色，从幼菇组织中渗出暗褐色汁液，在细菌的作用下菇体开始腐烂变臭。当成熟的子实体被侵染后，菌褶上出现白色菌丝包围整个菌盖，菌盖上产生许多瘤状突起，使香菇失去价值。

（2）病原物　病原物为荧光假单胞杆菌属变形菌门，Y-变形菌纲，假单胞菌目，假单胞科，假单胞菌属。

（3）发病规律　疣孢霉菌是一种土传病害，主要存在土壤表层 2～9 厘米，含水量高，温度高有利于该病发生。病菌主要通过被污染的水、工具、昆虫或接触病菇的手进行传播。

（4）防治措施

①选用抗逆性强的菌株。根据当地气候条件选择高产、抗逆性强的菌株。

②适时科学管理。播种前对播种场所进行消毒、灭虫、灭菌。适当增加接种量，要控制好光照，及时排出料面积水，确保通风良好。

③病害发生后应立即停止喷水，降低湿度。病情严重已无法治愈时可将病害发生区及其周围的培养料挖出烧掉或进行深埋处理，所用工具用 75% 乙醇消毒。病土层上撒一些生石灰粉，并进行一次全面消毒处理，防止病害再发生。

2）细菌斑点病

（1）症状　该病常发病于菌盖上，初期菌盖出现水渍状小斑点，渐渐变成黄褐色并扩大成小斑，当病斑干后，菌盖往往开裂。

（2）病原物　病原物为托兰氏假单胞杆菌。属变形菌门，Y-变形菌纲，假单胞菌目，假单胞菌科，假单胞菌属。

（3）发病规律　土壤和不清洁的水中含有该细菌，当温度高，雨水多，菇房湿度大，易于该病菌大量繁殖，造成暴发性病害。

（4）防治措施

☞ 菇房用水要清洁，认真做好菇房水分管理，及时通风换气。每次加水后，要保持一定的通风时间，使菌盖表面水膜蒸发。

☞ 一旦出现病菇要及时清除，降低菇棚温度和湿度，用1∶50倍的金星消毒液、茹菌清300～500倍、次氯酸钠600倍液喷雾防治。

3）丝枝霉病

（1）症状　该病的病原菌为丝枝菌，菌丝体前期灰白色，后期变成微黄褐色。子实体感病后，在菌盖和菌柄上会出现褐色病斑，形状大小不一，边缘色较深，中间灰白色。潮湿条件下长出灰白色的霉状物，即病菌的分生孢子梗和分生孢子。

（2）病原物　病原物为丝枝霉菌，属半知菌亚门，丝孢纲，丝孢目，丛梗孢科，丝枝霉属。

（3）发病规律　土壤和有机质中均有病原菌存在。分生孢子可以通过空气传播。菇房高温、高湿和通风不良条件有利于该病害发生。

（4）防治措施

☞ 加强菇房通风，防止菇房出现较长时间高温高湿情况。

☞ 防治菇蝇等害虫，防止害虫传病。

☞ 摘除病菇，对已感染的菇房，应该降低空气相对湿度，并用1∶50倍的金星消毒液喷雾处理。

3.竞争性病害与防控技术

1）木霉菌

（1）症状　木霉菌落侵害香菇培养基时菌丝初期纤细，白色絮状，生长快，无固定形状。发病后期产生大量绿色的分生孢子，最后整个菌落全部变成绿色，在高温条件下菌落扩展很快，会向深层发展，出现大批绿色霉层。香菇培养基腐烂，有强烈的霉味，常常引起菌袋报废。绿色木霉菌落外观深绿或蓝绿色；康氏木霉菌落外观浅绿、黄绿或绿色。

（2）病原物　常见病原物有绿色木霉、康氏木霉。它们属于半知菌类真菌，丝孢纲、丝孢目、黏孢菌类，是一种普遍存在的真菌。菌丝初为白色，产生大量分生孢子后，菌落变成深绿色或蓝绿色。

（3）发病规律　木霉菌喜高温高湿环境，分生孢子在15～30℃很快萌发。病原物主要来源于培养基质、菇房、土壤等。菌种污染、培养料灭菌不彻底、菌袋破损、使用不洁净的接菌工具、无菌操作不规范等，都极易传染病原物。分生孢子通过气流、生活用水、昆虫等传播，发病后产生的分生孢子可以重复再侵染。长期通风不良，空气相对湿度过高，培养料中糖分和麦麸含量偏高，栽培环境高温高湿，培养料偏酸性，均有利于绿色木霉菌的发生。木霉适应性强，繁殖速度快，它本身能分泌毒素，抑制香菇菌丝生长；木霉还能生长在生长势减弱的香菇菌丝体上，使香菇组织细胞溶解死亡。

（4）防治措施

①选择抗病性好、长势旺的新品种。

②保证菌种纯度防止菌种污染，对接种工具、接种场所和养菌场所要严格消毒，保证培养料灭菌彻底。

③培养料配制时控制麦麸用量，必要时加 1%～3% 生石灰中和酸碱度。

④采用高质量塑料袋，制作菌棒时，严格检查，严防菌袋破损。

⑤加强菌袋检查，及时剔除污染菌袋，对发病区域采用 70% 甲基硫菌灵或 50% 多菌灵可湿性粉剂 1 000 倍液喷雾处理。

⑥一旦发生木霉危害，要立即通风降湿，以抑制木霉菌的扩展，处于发菌阶段的培养料感病以后，可采用注射药液的方法抑制木霉扩张。常用的药液有金星消毒液、漂白粉、菇菌清、pH 为 10 的石灰水。

2）青霉菌

（1）症状　发病初期菌丝为白色，与香菇菌丝相似，难以辨认，后期随分生孢子大量形成和成熟转为青绿色、蓝灰绿色粉状菌斑。在培养料的表面出现，形状不规则，呈现大小不同的青色斑块，不断蔓延，能看到薄薄的一层青色或绿色的霉层。

（2）病原物　常见的病原物有产黄青霉、圆弧青霉、苍白青霉、淡紫青霉等。菌丝体多呈白色，形成分生孢子转为绿、蓝、灰绿等色。营养菌丝具有横隔，为埋伏型或部分埋伏型，部分气生型。

（3）发病规律　青霉菌腐生在土壤及各种有机物上，其分生孢子随气流传播，空气中随处都有病菌的分生孢子，一旦沉降在有机物质表面，在 20～25℃ 的温度范围、空气相对湿度在 8%～90% 和酸性环境中生长繁殖迅速，与香菇菌丝争夺养分，破坏菌丝生长。作为一种杂菌，青霉菌可在香菇发菌阶段发生侵染，破坏香菇菌丝生长；但在出菇阶段又作为一种病原菌形成危害，菇体染病后，霉层覆盖的菌肉组织腐烂，继之迅速向四周蔓延，导致其他子实体及菌袋被感染。

（4）防治措施

①选择优良菌种，防治菌种污染，保证接种过程无菌操作。

②香菇代料在栽培时保证弱碱环境，创造不利于青霉菌生长环境。

③加强菇房通风，降低湿度，及时对菇房消毒，减轻危害。

④局部发生可用 5% ～ 10% 石灰水冲洗擦拭受害处。

3）链孢霉

（1）症状　链孢霉又称脉孢霉、粗糙脉孢霉、红色面包霉，主要靠分生孢子传播，是高温季节发生的重要杂菌，来势猛，蔓延快，危害大。发病初期 菌丝白色或灰白色，生长初期呈绒毛状，生长后期呈粉红色或橘红色，侵入菌袋或栽培瓶后生长极快，2 ～ 3 天侵入点周围即出现橘红色或灰白色的分生孢子。

（2）病原物　是好食脉孢霉，也有脉孢霉属其他种类，属于子囊菌门。无性阶段为链孢霉属真菌，能产生大量分生孢子，分生孢子梗直接从菌丝上长出，与菌丝无明显差异，孢子为近球形或卵形。

（3）发病规律　链孢霉广泛存在于培养基质上，病原物的分生孢子通过气流、工具和人员操作等进行传播，在富含糖分的培养基质上最易发生，也是高温季节发生的最重要杂菌。链孢霉菌丝顽强有力，有快速繁殖的特性，传播速度极快，高温高湿环境下一昼夜就大量成团成块，橘红色孢子很快突破菌袋，一旦大发生，便是灭顶之灾，其后果是菌种、培养袋或培养块成批报废。

（4）防治措施

①避免在高温季节生产。香菇发菌阶段温度最好控制在 20℃ 以下，可减少链孢霉污染。

②加强通风，控制发菌场所的湿度。

③有个别菌袋感染时，立即用塑料袋套上，拣出烧毁。菇床上发现病害时，可用新鲜生石灰粉覆盖病灶处，再用浸过 0.1% 高锰酸钾的湿纱布盖在石灰粉上。

④菌袋发菌后期受害，一般不要轻易报废，可将受害菌袋埋入深 30 ～ 40 厘米透气差的土壤中，经 10 ～ 20 天缺氧处理后，可有效减轻病害，菌袋仍可出菇。

4）毛霉

（1）症状　毛霉又叫黑霉、长毛霉。香菇受毛霉感染，在培养基表面形成菌落。菌落初为白色，棉絮状，蓬松发达，老后变为黄色、灰色或浅褐色。该菌丝生长速度极快，发病后几天就可以占领整个菌袋，此菌能抑制香菇菌丝生长，消耗培养料养分。

（2）病原物　病原物是接合菌亚门，接合菌纲，毛霉目，毛霉科，毛霉属的一种真菌，以孢囊孢子和结合孢子繁殖。菌丝无隔、多核、分支状，在基物内外能广泛蔓延。

（3）发病规律　该菌在土壤、粪便、禾草及空气中到处存在，孢子成熟后随空气气流飘散传播，培养料、接种室等消毒不彻底或不严格按无菌操作规程接种制种都有毛霉污染的可能。在温度较高、湿度大、通风不良的条件下发生率高。毛霉对环境适应性强，生长迅速，产生孢子数量多，生长速度明显高于香菇菌丝，在香菇菌丝体培养期间侵染时，数日内便能侵染整个基质，从而使香菇菌丝生长受阻。

（4）防治措施

①做好菇棚和培养室环境卫生工作，定期进行消毒工作。

②加强室内通风换气，降低空气相对湿度，以控制其发生。

③培养基内发现污染时，用75%乙醇注射患处，以控制扩散。

④利用注射药剂的方法抑制毛霉发展。常用的药物有：1∶50倍的金星消毒液、菇菌清300～500倍、次氯酸钠600倍液。

5）根霉菌

（1）症状　根霉是生产中常见的污染杂菌，没有气生菌丝，其传播速度较毛霉慢。根霉侵染培养基后，在表面出现匍匐菌丝并向四周蔓延，菌丝每隔一段距离生长出与基质接触的假根，通过假根吸收基质的营养物质和水分。根霉侵染后在培养基表面形成圆球形颗粒状的孢子囊，其形态初期为白色棉絮状，后变为淡灰黑色和灰褐色，整个菌落外观犹如一片林立的大头针。根霉菌丝白色透明，菌丝体呈棉絮状，后期在培养料表面形成一层黑色颗粒状霉层。

（2）病原物　病原物是根霉菌，又叫黑根霉菌、葡枝根霉、黑色面包霉，属接合菌亚门，毛霉目，根霉属。

（3）发生规律　根霉在自然界分布广泛，适应性强，土壤、空气以及各种有机物中都有它的孢子，其孢子靠气流传播。在气温高、通风不良和空气湿度大的条件下易大量发生，根霉不耐高温，超过37℃时便不能生长。培养料受侵染后，食用菌菌丝生长受到抑制，只有平贴料面的匍匐菌丝，当培养料含水量大或空气湿度大，可迅速扩展到整个培养料内，使整袋变黑，不能出菇。在培养料上产生很多圆球形的灰白色或黄白色小颗粒体，成熟后呈黑色颗粒状霉层。

（4）防治措施

①加强培菌环境的通风换气，防止高温高湿。

②采取多种防治措施仍效果不好时，可将感染菌袋的培养料倒出晒干，改作他用，或发酵处理后二次种植。

6）曲霉

（1）症状　曲霉的种类繁多，常见的有黄曲霉、黑曲霉、烟曲霉等。曲霉菌丝初期为白色，短而粗，以后逐渐演变成黑、黄、棕、红、褐等颜色。温度高，湿度大，空气不流通的环境中容易发生。在 25～30℃,空气相对湿度在 85% 时大量发生，培养基感染严重的到后期有一股刺鼻的臭味。

（2）病原物　病原物是曲霉，常见的种类有黑曲霉、黄曲霉、白曲霉和灰绿曲霉等，均属半知菌类真菌。该霉菌可分泌毒素严重危害食用菌菌丝，致菌丝萎缩死亡并发出臭气；同时，其毒素还是一种致癌物质，严重危害人体健康。

（3）发生规律　曲霉主要利用淀粉吸收营养，菌袋中含淀粉较多的菌袋最易受到危害。在高温高湿条件下，曲霉菌容易发生。曲霉菌传播主要靠空气传播，污染原因主要是培养料本身带菌或培养室消毒不严格。曲霉菌具有分解纤维素的能力。

（4）防治措施

①加强菇房通风，降低湿度和温度。

②对接种工具、接种场所和养菌场所要严格消毒，防止培养料污染。

③加强菌袋检查，及时挑除污染菌袋，对发病空间采用 1：50 倍的金星消毒液、菇菌清 300～500 倍、次氯酸钠 600 倍喷雾消毒。

④一旦发生曲霉危害，要立即通风降湿，以抑制曲霉菌的扩展。

7）酵母菌

（1）症状　酵母菌的菌落与细菌相似，表面光滑、湿润，有黏稠性，菌落大多呈乳白色，少数呈粉红色。被酵母菌感染的培养料发黏变质，散发出酒酸气味，致使菌丝不能生长，引起培养料酸败。

（2）病原　病原物是子囊菌亚门，半子囊菌菌纲，酵母菌目，酵母菌科。菌落边缘有的整齐，有的不整齐。菌体形状为圆形或椭圆形，单细胞，并有芽殖现象，芽孢子无色，与母细胞相似。

（3）发生规律　酵母菌在自然界分布广泛，大多生活在植物残体、空气、水及有机质中。有氧气或者无氧气都能生存。培养料水分过大，装料时压得太实，通气不良，菌袋内使用的堆肥偏湿、气温较高或通气不良时，极易发生酵母菌感染。培养基灭菌不彻底、接种没有按无菌操作规程进行，是酵母菌感染发生的主要原因。

（4）防治措施

①培养基要彻底灭菌，整个接种过程要严格遵守无菌操作。

②选用质量优良、纯正、无污染的母种接种原种。

③加强管理，保持环境清洁卫生，同时加强通风，若发生酵母菌危害时及时用石灰水浇灌培养料。

8）细菌性污染

（1）症状　接种点受细菌污染后，在其周围产生白色、无色或黄色液体，其形态和酵母菌相似，散发出腐烂性臭味，食用菌菌丝生长缓慢，出菇期延迟，产量下降。发酵料在低温和通气不良时，也可能受细菌影响，致使培养料黏结，颜色变黑，香菇菌袋被细菌污染后，常常造成烂菇袋而使菌袋报废。

（2）病原物　引起食用菌污染的细菌种类很多，主要是芽孢杆菌属、假单胞杆菌、黄单胞杆菌属和欧文菌属的某些种类。

（3）发生规律　细菌在周围环境中广泛存在，培养料、土壤和空气中都大量存在。人工操作和昆虫活动是细菌扩散的主要方式。培养基灭菌不彻底，接种操作不规范，培养料含水量过大，菇房卫生条件差，通气不良，空气相对湿度过高，均是细菌污染发生的重要原因。

（4）防治措施

①避免培养料含水量偏高，将培养料充分灭菌，接种时严格无菌操作。

②母种或原种需经过无菌检验方可使用，不使用被污染的菌种。

4. 香菇的生理性病害　生理性病害又称非侵染性病害，是由于生长条件不适宜或环境中有害物质的影响而造成的生长不良现象。这种病害虽然没有病原物，不会相互传染，但是，一旦发生则会造成重大损失。

1）菌丝淡化

（1）症状　菌袋内菌丝生长稀少，纤弱无力，菌棒软绵无弹性。

（2）发生原因　灭菌前，培养料已经发生霉变或酵母菌感染，杂菌的活动改变培养料的 pH 或者是杂菌释放的抗生素浓度过高，抑制香菇菌丝体的正常生长；培养料选择不当，如未经脱脂处理的针叶树木屑中油脂及萜烯类物质浓度过高，抑制香菇菌丝生长；过量添加某种化学物质，如硫酸镁等；培养料缺乏某种必需的营养元素，如氮素。

（3）防治方法 选用新鲜优质、无霉变的培养料，采用合理的培养料配方，不随意添加化学物质；拌好料后，及时装袋，并严格灭菌，防止酵母菌发酵而改变培养料 pH。

2）菌丝徒长

（1）症状 袋栽香菇菌丝长满菌袋后，表面气生菌丝发白，且有黄色水珠产生，最终形成一层白色浓厚的菌皮，抑制菇蕾的形成。

（2）发生原因 当香菇菌丝体处于没有温差，空气湿度大的环境条件下，气生菌丝快速生长，且有大量黄水出现，如不及时刺孔增氧、透气、降温，表面菌丝就会过度旺盛生长，形成一层厚厚的老菌皮，隔绝空气，导致菌袋内菌丝体不能及时向生殖生长转化，菌丝迟迟不能结实。

（3）防治方法 适时刺孔增氧，改善条件。当菌袋表面气生菌丝发白，有黄水珠产生时，及时刺孔放水增氧，换气降温，抑制气生菌丝生长，防止菌丝徒长，结成老菌皮。

3）烧菌烂袋

（1）症状 表现为培养料发热、发酸，菌丝退淡变黄、死亡。整个菌袋软化，手捏无弹性，最后呈泥浆状，菌棒解体。此病在发菌后期即刺孔增氧阶段易发生。

（2）发生原因

①培养菌袋的环境条件不适宜。菌袋越夏场所高温，温差过大，光线过强，再加上培养室空间过小，堆码菌袋过多，排放过密，造成严重缺氧，使菌袋原基形成过早，抗逆性变弱而引起烧菌或烂袋。

②选择菌株特性不适。低温型菌株。耐高温及抗逆性较弱，易引起烂袋，再加上菌株传代频繁，又未及时复壮，导致菌种退化，使原基过早形成，加重了烂袋的发生。

③管理不当。香菇菌袋刺孔增氧不够，或刺孔后排放过挤，通风不良，使培养室内长时间处在高温、高湿、严重缺氧的状态，导致菌丝生命力下降或造成菌丝窒息死亡；刺孔时，伤到香菇原基或产生黄水处理不当等，都易引起烧菌或烂袋。

④菌袋转色差或抵御外界环境变化的能力差。春栽香菇生产较晚（4～5月）的菌袋，因温差较小，转色较差，甚至没有转色，一旦出现持续高温或在高温季节随意搬动，振动菌袋，促使菌袋温度上升，加上外界高温袭击，就会造成烧菌。

（3）防治方法

①选择适宜的栽培品种。制袋时应依据栽培季节和当地气候条件，选择适宜的栽培品种。将高温型品种安排在高温季节出菇，低温型品种安排在低温季节出菇。

②选择适宜的越夏场所。香菇菌袋越夏的场所宜选在通风、阴凉、避光、低湿的环境，菌袋排放不能过挤，保持空气流通。同时要搞好消毒与杀虫工作。

③做好菌袋刺孔和通气工作。菌袋适时刺孔，排除袋内的废气，增加氧气，促进菌丝正常生长繁衍。刺孔后 3 ~ 5 天，特别注意要加大通风量，降低堆码层数，防止菌袋温度急剧上升而烧菌。

④综合调控温、湿、光、气。香菇菌袋转色期，一定要严格控制培养室内的温度、湿度、光照、空气等环境因子指标，为菌袋创造最合适的生长环境，确保转色适当。

⑤及时处理烂袋。菌袋内大量产生黄水，应及时处理，割破菌袋排出沉积的黄水，再用竹签刮去腐烂的培养料，用药棉擦干后涂上多菌灵与甲基硫菌灵 200 倍的混合液，撒一层石灰粉，然后将菌袋排放于通风条件良好的地方，可控制烂袋的蔓延。

4）菌袋不出菇

（1）症状　菌袋长满菌丝后，气生菌丝生长旺盛，结一层厚厚的菌皮，有的呈失水收缩状，有的表面起包，似瘤状体，但不会出菇；或者只能形成花生米大小的柱状体，不能正常出菇。

（2）发生原因

①培养料碳氮比失调。香菇袋栽培养料碳氮比过低，使培养料中氮素过剩，营养生长不断进行，不能由营养生长转为生殖生长，故不能形成子实体。

②转色过厚。香菇菌袋转色是一个至关重要的步骤。如果在转色期间，气温不适宜或昼夜温差过大，会使菌袋表面形成一层厚厚的老菌皮，严重阻碍了袋内菌丝体的呼吸作用，缺氧的菌丝体也很难进行生殖生长，形成子实体。

③品种不适宜。低温型品种生殖生长阶段安排在高温季节，或高温型品种生殖生长阶段安排在低温季节，菌丝体处于休眠状态，故而很难形成子实体；另外，有些香菇品种生育期很长，根本不适合作为袋料品种，如段木香菇品种用在袋料栽培上，营养生长期极长，就表现为不出菇。

④栽培管理措施不当。香菇菌丝进入生殖生长阶段后，没有适合子实体产生和生长的环境条件，也会造成出菇困难。

（3）防治方法

①合理调节碳氮比。拌料时，一定要严格按照配方进行，使培养料碳氮比保持在（25～40）：1，防止碳氮比失调。

②做好转色期管理工作。转色阶段，要精心管理，认真做好栽培室内的正常管理工作，尤其是通风换气和大的昼夜温差，防止转色过厚。

③选择适宜品种。按季节安排适宜的香菇品种，杜绝不经试验而直接引种或使用段木香菇品种，防止因选种不当而造成不出菇。

④合理调节催菇阶段的生态因子。香菇栽培进入催菇阶段，一定要人为创造10℃以上的昼夜温差和15%以上的湿度差；控制温度12～15℃，空气相对湿度在85%～90%，培养料含水量为50%～55%；并给予充足的氧气和散射光，促使香菇子实体的形成。

5）菌丝再次生长

（1）症状　香菇菌棒在完成转色，即将开始催蕾出菇时，由于气温回升或空气湿度偏高，部分菌皮破损处内部菌丝体外露，开始在菌棒表面生长扩展，形成厚厚的一层白色菌丝。

（2）发生原因　发生原因尚待研究。据观察，再次生长可能是由于温度、湿度和空气等环境条件引起，因为环境条件适宜菌丝再次生长或者子实体再次发育所致。

（3）防治方法　香菇菌棒完成转色后，避免菌皮受伤；达到生理成熟的菌袋，应降低温度和湿度，增大昼夜温差，早日催蕾出菇。

6）大柄菇

（1）症状　香菇菌柄短而粗，菌盖肥厚而不易张开。

（2）发生原因　主要是由于出菇温度过低。在子实体生长过程中，3天内日平均气温低于10℃时，基质被菌丝不断分解，并向菌柄输送养分，促使菌柄生长膨大，而菌盖因外界气温较低而生长很慢，就形成了粗柄、小盖的大柄菇。

（3）防治方法　按香菇品种的温型特点，合理安排栽培季节，确保出菇期有较适宜的温度；减少覆盖物，增加阳光照射来提高棚温，促使菌盖的正常生长。

7）高脚菇

（1）症状　菌柄很长，菌盖较小。柄与盖相连处扇形或多边形，菌盖表面高低不平，呈暗褐色。

（2）发生原因　出菇棚内空气相对湿度过高，导致菇房内氧气不足；菌袋排放过密，造成通风不良；门窗遮蔽过严，通风条件差，光照太弱，造成子实体发育不良；香菇品种种质退化严重。

（3）防治方法

①选择优良品种。购买菌种时，一定要找正规的菌种生产企业，防止买到退化严重的劣质菌种。

②科学排袋。在排放菌袋时，间隔应达到 5 厘米以上，以便增加光线和通气。

③精心管理。日常管理时应加强菇棚的通风换气，及时排除棚内多余水分，降低菇棚温度，供给充足的氧气。

8）空心软柄菇

（1）症状　菇柄空心，柔软，菌盖很小，子实体成丛出现。

（2）发生原因　主要原因是使用菌种质量太差。使用老化、退化的菌种，菌丝生活力低，影响养分的正常吸收，以致菇体细胞不能正常而紧密地排列。

（3）防治方法　选用适龄的、生命力强的菌种；切实做好菌种保藏工作，及时进行菌种复壮，防止菌种的退化。

9）平顶菇

（1）症状　香菇菌盖形状不规则，不像伞形，而是中央平坦或明显凹陷，色泽正常，菇型很差。

（2）发生原因　香菇现蕾后，没有及时划口放菇，塑料袋挤压菇蕾成扁平的畸形菇，划口放菇后，难以恢复原有形状。

（3）防治方法　及时划口放菇。当香菇菇蕾长到 1 厘米时，就应及时划口放菇，让其自由生长。选用免割袋。制袋时，可以选用免割袋，袋膜很薄，香菇菇蕾可自行长出，能有效避免平顶菇的发生。

10）拳状菇

（1）症状　出菇成丛，菌盖卷缩，菌柄扭曲，形似"拳头"状。

（2）发生原因

①装料质量不高。装料虚实不均匀，袋内菌丝长势及成熟度不一样，空隙较大处菌丝先成熟并出菇，又无法正常生长发育，形成上下翻转的畸形菇。

②打穴接种太深。当接种穴内菌丝先成熟，形成子实体，但因受到穴壁的限制，子实体无法正常伸长展开，待长出穴时，已形成拳状菇。

（3）防治方法　装袋时，一定要做到装料虚实均匀一致，接种打穴 1.5 ~ 2 厘米即可，不要太深。

11）荔枝菇

（1）症状　原基呈圆锥状突起，如荔枝状，不能分化成菌柄和菌盖，或者仅有很小的菌盖。

（2）发生原因

①出菇温度不适。高温型品种在低温下催菇，或低温型品种在高温下催菇，均易形成荔枝菇。

②培养料营养失调。培养料内氮素太多，也可诱致荔枝形畸形菇。

③菌袋发育不成熟。菌袋尚未发育成熟就急于进行出菇，结果是原基形成后，营养跟不上。

（3）防治方法

①科学安排栽培季节。严格掌握品种的温型特点，安排好接种和出菇期，保证出菇期有适宜的温度、湿度条件。

②摘除病菇。一旦发现病菇，应及时摘除，养护好菌丝体，待气温、菌龄等条件适宜时，立即进行催菇管理。

③科学配置培养料。严格按配方配料，防止养料及碳氮比失调。

④延长养菌时间，按照香菇品种的特性，使其菌龄达到要求的时间，菌袋有弹性时，再进行管理出菇。

12）死菇

（1）症状　在出菇阶段，出现小菇萎缩、变软，最后死亡的现象。有时，还会出现成批死亡，损失惨重。

（2）发生原因

①环境条件不适。香菇菇蕾形成期间，低温型品种遇上棚内温度过高，或高温型品种遇上棚内温度过低，且缺少温差刺激的情况下，菌袋上已形成的菇蕾也会因营养向菌丝内倒流而萎缩死亡。

②使用农药不当。

③损伤菇体。采摘不慎损伤小菇，也会造成部分小菇死亡。

（3）防治方法

①合理安排出菇时间。科学地安排不同类型品种的接种和出菇时间，避免在温度不适合，缺少温差的情况下形成菇蕾。

②科学使用农药。使用农药要严格掌握适宜的浓度和用药时间。

③规范采菇。采菇时，一手按住香菇基部培养料，另一只手拇指和食指捏住香菇柄下段，左右掰动，轻轻拿起，避免硬拉带起培养料，或损伤周围小菇。

13）菌棒衰败

（1）症状　菌皮坚硬，菌棒内部菌丝灰而无光泽，培养料遇水松散；第一潮菇后，菌棒不能正常收缩，以后无产量。此症状在脱袋管理的香菇菌棒中更易发生。

（2）发生原因　品种选择不当；使用劣质培养料；管理不善，菌丝受损，造成后期菌丝生长不良，菌丝残短，失去粘连培养料、拉结成菌索和形成原基的能力。

（3）防治方法

①品种选择。选用抗逆性强的品种，抵抗后期不良的环境条件。

②杜绝使用碳酸钙。选用优质的培养料，坚持使用石膏，而不应以碳酸钙代替，更要避免使用以碳酸钙掺假的劣质麦麸。

③加强后期管理。菌棒入棚后，天气较热还需要加强遮阴防护，通风换气散热，防止后期烧菌。

（二）香菇主要虫害及防控技术

危害香菇生产的常见害虫主要是昆虫纲的双翅目、鳞翅目、鞘翅目以及蛛形纲的蜱螨目中的一些种类。香菇栽培中发生的双翅目害虫主要有眼蕈蚊、瘿蚊等科的多个种类，该类害虫以幼虫在培养料、子实体中钻蛀、取食，造成培养料变黑、松散、出菇困难、子实体畸形等。鳞翅目害虫以夜蛾科为主，幼虫个体大，末龄幼虫长 25 ~ 30 毫米，取食量大，对子实体造成孔洞、缺刻等，排泄物还可造成霉菌、细菌侵染。鞘翅目中危害种类较多，包括露尾甲科、扁甲科、谷盗科、隐翅甲科、大蕈甲科等多种，此类害虫不仅取食栽培期的培养料、子实体，更是储藏期干香菇需要重点防控的害虫。

1. 菇蚊　黑翅蚊、眼蕈蚊等双翅目昆虫统称为菇蚊。菇蚊的危害可使香菇减产 30% 左右。因此，有效防治菇蚊，可使香菇栽培增产 30% 左右。

1）生活习性和发生规律　菇蚊喜欢在潮湿、肮脏的环境繁衍，体积小繁殖快，幼虫喜潮湿，有趋光性，喜群居。真菌的菌丝是这类虫子最好的食料之一，其危害方式主要是咬食菌丝，破坏菌丝正常生长，导致菌丝衰弱或死亡，同时还给杂菌的侵染创造了条件，使一些竞争性杂菌在菇蚊的危害斑上大量繁殖并产生抗菌素，引发病害而进一步破坏香菇菌丝，形成恶性循环。此外，跳虫、螨虫、线虫等也会趁机在咬斑内大量繁殖危害，加重危害程度。虫、病的综合作用结果造成菌丝自溶，培养基松散，黑水横流。菇蚊的幼虫在香菇菌袋内危害2～3周后，变硬化蛹，经3～7天蛹期，羽化为成虫飞出，成虫飞出的当日便进行交尾，并很快产卵。每只雌虫能产卵数十粒至300粒不等。菌袋受害后，病斑产生特殊美味，对菇虫有很强的引诱性。因此，菇蚊往往会回到病斑上产卵，引起下一个世代的危害。

　　2）防治措施

　　（1）及时清理废旧培养料　香菇采收过程，应及时将废弃的菌袋挑出集中堆放，采收一结束，应马上将全部菌袋离架脱袋集中堆放，并彻底打扫菇棚。废料堆应远离下一批菌袋的发菌场所，堆内泼洒5%的石灰水，然后在堆面喷40%敌敌畏乳油200倍液，加盖塑料膜，这样既可促进发酵腐熟，又可杀虫灭菌。废料堆放40天后，可以作有机肥使用；同时应提倡建沼气池，以减少林木资源消耗，净化环境污染，减少虫害。

　　（2）保持发菌场所和出菇场地清洁　堆放前发菌场所、菇棚、香菇菌袋堆放地及周边环境要进行清扫，并用石灰粉或漂白粉消毒，杀虫灭菌。栽培前，菇房、菇场要喷药杀虫，可用40%敌敌畏乳油1 000～1 500倍液喷洒。菌袋要疏排，及时翻堆，及时刺孔通气，加强管理，提高蕈菌自身的抗病虫能力。老旧菇棚应及时拆迁，推广使用遮阳网；菇棚或堆放场所周边环境要求保持清洁，及时清理生活垃圾、动物粪便、污泥浊水或废弃菌棒等。

　　（3）正确掌握防除菇蚊的方法　防除菇蚊主要有喷雾、注射、挖除、诱杀等4种方法：

　　①喷雾。喷雾是杀死菇蚊成虫的关键措施。通过喷雾可及时杀死成虫，大大降低成虫产卵量。药剂可用菇类专用杀虫剂菇虫净。该药具有触杀和胃毒双重作用，且药效持久，一般在刺孔通气前喷一次，到剥袋时（花菇除外）再喷一次即可有效杜绝成虫再产卵。

　　②注射。对在菌袋内危害的菇蚊幼虫，可选用40%敌敌畏乳油300倍液注射病斑，每厘米直径注射0.5～1毫升，不可过量。

　　③挖除。就是挖除病斑，剔尽黑色木屑，然后涂上石灰水，同时及时烧毁或深埋剔除下来的病斑木屑。

④诱杀。采用悬挂黄板、振频杀虫灯等物理或化学方式进行诱杀。

（4）保护接种口　接种口是病虫染菌最容易侵染的部位之一，接种期间，菇蚊危害猖獗。因此，要求全部封蜡或贴纸胶保护，也可套袋保护。

（5）出菇期间防治　出菇期间发生眼菇蚊，可用40%的敌敌畏乳油1 000～1 500倍液喷杀，也可用25%的菊乐合酯2 000倍液喷料面防治。喷洒1 000倍敌百虫或敌杀死溶液杀灭。

（6）刺孔前后防治　在刺孔前一天及刺孔后一周内，用5.8～10毫克/米^{3}氯烯菊酯或拟除虫菊酯类蚊香加热至150℃熏蒸菇棚。杀灭堆放场所的菇蚊成虫，降低虫口密度。

（7）非居室堆放场所防治　非居室堆放场所也可用杀虫剂兑水喷雾。可选用1.5千克装的手持喷雾器，与居室相连的堆放场所，可选菊酯类低毒农药，如杀灭菊酯、甲腈菊酯等，一般菊酯5%的乳剂50～100倍进行喷洒。最好用一次性卫生杀虫剂，如雷达、枪手、灭害灵等。要注意人畜安全。

（8）危害斑的治疗　早期受害的菌棒，危害斑将以菌虫混发的形成不断扩展，往往造成整段毁坏。因此，早检查、早治疗是降低损失的重要措施。具体方法如下：结合翻堆或平时操作，认真检查菌棒，接种口或刺孔部位如果发现局部变黑色，应及时选出处理（处理方法是将即危害斑彻底挖除，用相同品种的菌块填补，再用塑料宽胶带封绑。用于填补的菌块，可从废弃的菌袋中选取，但要求菌块完好、无感染）。

2. 螨类　螨类俗称菌虱，分粉螨和蒲螨两种。蒲螨体小，肉眼不易看到，它们多在培养料表面上集中成团；粉螨体较大，白色发亮，不成团，量多时呈粉状。螨类非常微小，发生初期常被忽视，往往在大量个体发生群集时才被发现，一旦暴发易酿成大灾。

1）生活习性和发生规律　螨类在香菇生产的各个阶段均可能造成危害，取食香菇菌丝体及子实体。被咬食的菌丝体，菌丝枯萎、衰退。培养基发螨害后，接种部位的菌种块不萌发或萌发后菌丝外观稀疏暗淡，并逐渐萎缩，严重时培养料中的菌丝会被全部吃光，造成栽培失败。

2）防治措施

（1）物理防治　保持香菇培育场所的环境卫生，保证菇房与粮食、饲料仓库等保持一定距离，可有效地杜绝害螨发生；使用优良菌种，严把菌种质量关，防止菌种带螨。

（2）化学防治 菌种中发生螨虫，可用棉塞蘸50%的敌敌畏乳油塞上熏杀。发菌期间出现螨虫，可喷洒25%的菊乐合酯2 000倍液。出菇期间有螨虫发生，可用菊乐合酯喷杀，但要在喷洒药3天以后才能采菇。养菌期局部发生用25%敌敌畏50倍滴注，室内用80%敌敌畏乳油1 000倍液喷洒一遍，以彻底消除。如果菌袋发现大量螨类时，可用20%杀螨醇500倍液浸泡5～8小时，辅以室内喷洒45%石硫合剂晶体25～30倍液杀虫消毒。

3.跳虫 跳虫又叫弹尾虫、香灰虫、烟灰虫，幼虫白色，成虫灰蓝色，喜跳善跃，动作极快。繁殖迅速，咬食香菇菌丝和子实体，发病后子实体，尤其是菇蕾枯萎而死。

1）生活习性和发生规律 跳虫常聚集在接种穴周围或菌柄和菌褶交界处，危害菌丝及幼菇，致使菇蕾和菇体枯萎死亡。跳虫生长繁殖快，繁殖周期短，在温暖、潮湿的条件下相当活跃。生活范围广，杂食性强，在土壤、杂草、枯枝落叶上也常见，其携带和传播病虫害，造成交叉重复感染。

2）防治措施 清洁环境卫生，彻底消灭跳虫生活场所。培养室内外和菇场要用40%敌敌畏乳油500倍液喷洒。发菌期间发生跳虫危害，可用40%敌敌畏乳油500倍液喷于纸上，再滴数滴蜜糖，将药纸分散铺于培养料面上诱杀。出菇期间发生跳虫危害，可用0.1%鱼藤精或除虫菊酯药液杀灭。

4.线虫 线虫是一类微小的原生动物，危害香菇的线虫有多种，主要为垫刀目和小杆目线虫，其成虫体型极小，两端稍尖，体长1厘米左右的粉红色线状蠕虫，以刺吸菌丝体造成菌丝衰败。香菇受线虫侵害后，菌丝体变得稀疏，培养料表层或全部会变湿、变黑、发黏、发臭，菌丝消失而不出菇，幼菇受害后萎缩死亡。死亡的幼菇表面发黏，有腥臭味。

1）生活习性和发生规律 线虫分布很广，土壤、培养料以及污水中都有存在，可通过人体、工具、昆虫以及雨水、洒水传播，寄生或腐生于香菇菌丝内或培养料中危害香菇菌丝及子实体。线虫的繁殖力极强，在适宜的条件下，8～10天即可完成从卵到成虫的一个生活周期，在培养料水分过大和潮湿、闷热、不通风的环境条件下，易发生线虫危害。

2）防治措施 注意环境清洁卫生，清除垃圾；注水、浇菇要使用清洁水，流动的河水、井水较为干净，而池塘死水含有大量的虫卵，常导致线虫泛滥危害。发生虫害的菌袋用1%生石灰与1%食盐水泡菌袋12小时，菇棚及周边用1.8%阿维菌素可湿性粉剂1 000倍液喷施杀灭。局部培养料上发生线虫危害时，可将受害的部分营养料挖掉，并用 2% 阿维菌素乳油 600 倍液喷杀。

5. 蛞蝓 又称鼻涕虫，它是一种软体动物，形似剥去外壳的蜗牛，大小不等，长短不一，通体柔软，爬过的地方留有黏液的痕迹。蛞蝓危害食用菌的主要种类有野蛞蝓、双线嗜黏液蛞蝓、黄蛞蝓等 3 种，危害严重的是双线嗜黏液蛞蝓。蛞蝓主要危害咬食香菇的子实体，造成孔洞和缺刻，并留下黏液，严重影响菇体的商品性，蛞蝓爬行于菇床中，携带和传播病害，常造成杂菌从伤口侵染引发多种病害。

1）生活习性和发生规律 蛞蝓喜阴暗潮湿的环境、怕光，强光下 2 ～ 3 小时即死亡，因此昼伏夜出，白天躲藏于菇棚的阴暗潮湿处，夜晚出来取食，咬食香菇等食用菌的子实体，在 15 ～ 30℃ 都可危害。蛞蝓一年繁殖一代，雌雄同体，一般成虫每年 5 月开始产卵，多产于土壤缝隙中、杂草及枯叶上，从卵孵化至成虫性成熟约 55 天，以成虫体或幼体在作物根部湿土下越冬。5 ～ 7 月阴暗潮湿的环境易于大发生。

2）防治措施 在菇棚地面和四周撒上干石灰粉以遮蔽地表，减少蛞蝓躲藏场所；在夜间和阴雨天，可在蛞蝓出来活动时进行人工捕捉；在蛞蝓大发生时，在其游动的场所和路线上喷洒 1% 高锰酸钾溶液或 5% 食盐溶液或生石灰粉或白碱防治。

6. 凹黄蕈甲 又名细大蕈甲、凹赤蕈甲。属鞘翅目，大蕈甲科。成虫体长 3 ～ 4.5 毫米，长椭圆形，有光泽。头部黄褐色，触角 11 节，褐色。复眼大，圆球形。前胸背板宽大于长，黄褐色，中间较深。鞘翅基内缘各有 1 对方形黑斑，鞘翅基半黄褐色，端部黑色。足黄褐色，较细。自肩角斜向中缝有红黄色斑纹相接，且红黄色斑纹在鞘翅背几乎形成"凹"字形，故名凹黄蕈甲。成虫和幼虫食性杂，主要咬食香菇菌丝和子实体。成虫和幼虫多从香菇菌袋孔洞边缘啃食菌丝体，子实体发生后转移到菌柄和菌盖上取食，形成弯曲的孔洞，对香菇的产量和品质影响很大。

1）生活习性和发生规律 一年发生 2 代，条件适宜可发生 3 ～ 4 代，以老熟幼虫和成虫越冬。4 月上旬开始活动，4 月中旬至 5 月下旬产卵。成虫有假死性，喜群居，5 月下旬至 6 月孵化为幼虫，6 月下旬化蛹，7 月下旬羽化为成虫，8 月中旬交尾产卵。

2）防治措施

（1）搞好栽培场所的环境卫生 做好栽培场所的环境卫生，这是减少虫源的有效措施之一。栽培场所包括接种场地、发菌场地、出菇场地等应保持清洁、通风和干燥，场地四周的生活垃圾、废弃菌棒、阴沟等要严格清理。这些场所使用时应提前喷药杀虫1次。

（2）在栽培场所悬挂诱光灯　由于该虫具有一定的趋光性，可在发菌场所或出菇场所悬挂黑光灯诱杀。

（3）及时处理栽培场所的废弃或污染的培养基质　重视培养料的前期处理工作，菌袋需灭菌彻底。堆放废弃培养基质的场地要远离接种、发菌和出菇场所，并保持废弃的培养基质干燥。污染的培养基质要及时处理，不能及时处理的应统一堆放，并泼洒5%石灰水，覆膜促使其发酵和杀虫。

（4）及时处理栽培场所发现的虫害　若发现菌袋有大量幼虫，可采取熏蒸法，用蚊帐式接种篷或塑料膜将有虫的菌棒盖严、密闭，篷内放磷化铝片剂熏蒸，用药量每立方米空间1片，熏蒸3天左右，熏蒸时应注意气温和菌棒的堆放密度，以免造成闷菌。要注意用药安全，严禁人畜进入熏蒸的篷内及农药浓度高的场所，操作人员可用竹竿挑开篷门或塑料膜四周，等充分通风后方可进行检查和操作。若发现有大量羽化的成虫，可采用喷杀法，利用菇虫净、保菇神杀虫剂等，在25天左右这段时间内，应每隔1～2天喷药1次，可大大降低成虫的产卵量。

（5）做好库房管理　香菇产品仓库内外应保持清洁和干燥，保证库房的干燥，空气相对湿度在60%以下。储藏前对鲜菇或干菇进行挑选，发现有受该虫危害的子实体要立即排除，以免将虫带进仓库。

（6）熏蒸灭虫　鲜菇子实体若发现有此虫害时，放入0℃以下冷库中3～5天，能将害虫冻死；干菇进仓前或已发生虫害时，可利用磷化铝片剂进行熏蒸处理，在处理的时候注意空间的密闭，熏蒸处理96小时后通风3～5天。

十、保鲜与加工

（一）保鲜

1. 香菇保鲜原理 利用低温、低氧和高浓度二氧化碳环境来抑制香菇体内酶和微生物的活动，延缓呼吸作用和生化反应，从而有效地延缓菇体的后熟作用，达到保鲜的目的。

2. 工艺流程及技术要点

1）工艺流程 分级、修整→药剂防腐处理→预冷、包装、入库储藏→产品运输、销售。

（1）分级、修整 用于保鲜的香菇采摘以后菇柄长度一般留取菇盖直径的1/2左右。因此，必须剪去超出的部分。在修剪菇柄的同时要按产品规格大小分筐存放，并去除有病斑、虫害、畸形、损伤菇、开伞菇、泥巴菇、烂菇，对曲柄、歪盖、超规格的菇进行必要的修整。

（2）药剂防腐处理 为了延长保鲜时间，常用适宜浓度的食盐水或抗坏血酸、柠檬酸为主的食品添加剂配成溶液进行处理，然后捞起晾干，放入风冷式冷库中进行预冷排湿。

（3）预冷、包装、入库储藏 将经过药剂防腐处理、晾干的鲜菇放入塑料筐中，移入 1～4℃ 的冷库中预冷，继续降温排湿，然后将经过处理的鲜菇进行分级包装。目前，包装有大小包装之分，大包装根据菇盖直径大小分为：L级，菇盖直径6厘米以上；M级，菇盖直径5厘米以上；S级，菇盖直径4厘米以上。分级后大包装鲜菇先装入透明无毒薄膜袋，抽气密封成型，再装入隔热的塑料泡沫箱中，外用纸箱包装，每箱净重为5千克或10千克，然后用纸胶密封，标识级别、重量和发货日期。

小包装是将菇置于塑料托盘上，每盒净重 100 克，可以装 4 ～ 8 朵不等，菇褶向上，整齐排列，外用专用透明塑料保鲜膜封装，然后分级装箱封口，标识级别、重量、发货日期。

未包装的统货储藏，冷库内温度控制在 0 ～ 2℃；包装好的鲜菇储藏室温度控制在 0 ～ 5℃ 即可。一般情况下，包装后的鲜菇须立即发运，否则会影响菇体品质。

（4）产品运输、销售　气温低于 15℃ 时，可用普通车运送，否则必须用冷藏车（1 ～ 3℃）运送。此时厂家应注意运输时间、商家销售时间都应在保鲜有效期内，以免影响保鲜效果，造成菇体开膜、品质下降。目前，香菇储运出口生产厂家按照国际通行的冷链运输（利用冷藏集装箱），通过分发路上—海上—公路运输，最后到市场及消费者手中，都采取冷藏保鲜方法，以保证鲜菇的质量。

2）技术要点

☞ 成品香菇切忌菇柄上带有木屑。

☞ 由于脱水不慎，过度失水，造成菇体发黑、发皱、失去弹性，因此排湿不宜太甚。

☞ 香菇冷藏时间要控制在 14 天以内，冷藏时间愈短，香菇鲜度和品质愈好。

☞ 冷藏过程，应经常翻筐，移动位置，保证各部位受冷均匀，同时应保持库温恒定。冷藏温度不能低于 0℃，以防冻伤菇体。

☞ 香菇储藏中产生异味，特别是长时间储运会经常发生。这主要是由于包装成箱后，新陈代谢仍然很旺盛，箱内抽真空包装氧气稀少，香菇进行厌氧呼吸，从而产生异味。目前的解决办法是通过降低菇体温度，抑制新陈代谢，或者每箱加一包除臭剂或吸附剂，以吸收异味及乙烯。

3. 保鲜方法　新鲜的香菇在室温下储藏的时间受温度和空气湿度的影响较大。室温在 0 ～ 5℃，空气相对湿度在 80% 左右时，鲜菇可储存 1 周。

1）冷藏保鲜　冷藏是指在接近 0℃ 或稍高几摄氏度的温度下储藏的一种保鲜方式，冷藏的温度不是越低越好。冷藏通常保存在保鲜冷库中，用塑料袋盛装，在 4℃ 的低温下可保鲜 7 ～ 10 天，在 0℃ 的低温下可保鲜 7 ～ 15 天。冷藏也可以在冰箱的冷藏室、冷藏箱或冷柜中进行，冷藏过程中要经常检查箱内的空气湿度，储藏时间应控制在 7 天以内。

2）速冻保鲜　采收后的香菇先分级，装入塑料袋中，每袋 5 千克或 10 千克，放入零下 40℃ 的低温冷库中进行速冻，冻结时间要在 40 分内完成。完全冻结后装箱，

在 -18℃ 的冷库中保存，保存期可达 6 ~ 12 个月。

3）硅窗气调保鲜　用 0.15 ~ 0.18 毫米厚的聚乙烯塑料袋，在袋壁上装一块硅胶膜作为气体交换窗，在 4 ~ 10℃ 的温度下保鲜效果较好。

4）负离子气调保鲜　选七八分成熟的香菇，封储在 0.06 毫米厚的聚乙烯塑料袋内，存放在 15 ~ 18℃ 环境中，每天用负离子发生器处理 1 ~ 2 次，每次 30 分，可保鲜 15 ~ 25 天。

（二）加工

1. 干制　香菇加工干制的方法很多，有日晒、烘烤、晒烤结合等方法。

1）日晒　采收的香菇，根据需要保留菌柄或用不锈钢剪刀剪去一部分菌柄，及时放置于通风处的晒席等摊晒工具上，菌褶朝上摆放于阳光下晒干。一般需 3 ~ 4 天才可以完全干燥。此法简便易行，晒干的菇维生素 D 的含量高，晒的时间越短，色泽质量越好。但易受自然天气的限制，只能在晴天进行，且香菇的香味不浓郁。

2）烘烤　将香菇按大、中、小分为三类（表 10-1），分别装入烘盘。放菇时，菇盖朝上，菇柄朝下，依次排列。烘烤时，大菇盘装在最上层，小菇盘装在下层。中菇盘居中。烧火时，火力先低后高，开始烧至 30℃，以后每隔 3 ~ 4 小时，升温 5℃，最后维持在 60℃ 左右，最高不得超过 65℃。火力太猛，会把菇烤熟烤焦；火力不足，时间拖长，香菇变黑变质。当香菇烤至八成干时，便移出烤房，放在干燥的地方经 1 ~ 2 小时后，再复烤 3 ~ 4 小时，即可达到干燥要求。这样烤的菇，干燥一致，不易破碎，质量好。烘烤灶不论用什么作燃料，但烤房内一定要无烟无火苗，最好能有散热铁板的装置，并有排气设备，防止香菇烤熟、烤黑，以确保质量。

注意：先晒后烘，遇好天先晒 3 ~ 5 小时再烘；先点火，后放菇；先低温，后高温，切忌忽高忽低，但烧火时一般则是先大火，后小火；先烘菇里、菇柄、菇边，再烘菇盖，有利于先定型；先大风，后封闭，先大风主要有利排潮和排煤烟。

3）晒烤结合　将采收的鲜菇按菌褶朝下的方式摊于晒席先晒 6 ~ 8 小时，待初步脱水后，再入烘房或烘干机内烘烤，入烤时，菌褶应朝上。晒烘结合干燥香菇，可以减少烘烤的设备和保证香菇质量：同时也适合于大规模生产和少量栽培者。此法干燥的香菇，同样色泽好，香味浓。

表10-1　香菇烘烤技术操作规程表

	干燥时期	烘烤时间（小时）	烘箱温度（℃）	进风口控制	排湿窗控制
晴天采菇含水量较小时	排湿期	0～2	45	全开	全开
	定型期	3～5	50	1/3开	1/3开
	定色期	6～8	55～60	2/3开	2/3开
	干燥期	9～12	60～63	1/2开	1/2开
	完工期	最后1小时	64～65	全闭	微开
雨天采菇含水量较大时	排湿期	0～4	40	全开	全开
	定型期	5～8	45	全开	全开
	定色期	9～12	50～55	2/3开	2/3开
	干燥期	13	55～60	1/2开	1/2开
	完工期	最后1小时	65	全闭	微开

4）烘干整形　为提高菇的商品性，在菇烘到半干状态时，将畸形菇人为地整一下形，再放到烘干箱内烘干，这样可大大提高商品性。花菇烘干后，用毛刷在盖面轻轻刷几下使白度更白。

5）分级　烘烤后的香菇干品要求含水量13%以内，菇盖圆整不塌陷，菌褶米黄或乳白色，不倒褶，有光泽，香味纯正。花菇质优价高，深受人们欢迎。由于环境条件，管理技术，烘烤设备及掌握烘烤技术程度不同，花菇质量也有较大差异；又因花菇销售渠道不同，分级也不尽相同（表10-2）。

表10-2　我国花菇传统分级标准

等级及名称		菌柄（厘米）	形状	色泽	其他
白花菇	大白花菇	4.6～6	半球形、大卷边、菊花心状白色开裂，菌褶整齐，其中有少许褶不齐	面色全白，无黄斑，底淡黄	柄短，无杂质
	1级花菇	3.6～4.5			
	2级花菇	2.6～3.5	菊花心状网状开裂，卷边，形稍差	面色白，不太均匀，底淡黄	柄短，多数柄长不超过伞径1/2或1/3
	3级花菇	1.6～2.5			
茶花菇	1级	4.6～6	半球以至扁平形，大卷边，呈菊花形或网状开裂	面色茶褐，底色淡黄	柄短，向一侧弯倒，柄长不超过伞径1/3
	2级	3.6～4.5			
	3级	2.5～3.5	扁平状，卷边，呈菊花或网状开裂	面色黄褐，底色淡黄	柄短，向一侧弯倒，柄长不超过伞径2/3
	统货	大小未分			
统花	1级	4.6～6	形状不一，但多数可分拣成白花菇或茶花菇	面色白或茶花菇	内有白花各级及茶花各级，亦有少量无明显裂纹冬菇
	2级	3.6～4.5			
	3级	2.5～3.5			
花菇丁统货		1～1.5	具有花菇特征	正常	柄短，无杂质
茶花菇丁统货		1.5～2.4	具有花菇特征	正常	柄短、无杂质

6）储藏　烘烤后的香菇要及时装入双层塑料袋内，袋口密封后储存于干燥处、防潮、防霉和防虫，及时销售。香菇经过精包装后，作为高档商品进入销售环节，可以大幅度增加销售利润，并且已经受到了消费者的欢迎，发展空间巨大。

2. 盐渍　盐渍保藏法是利用高浓度的食盐溶液保存鲜菇，食盐产生高渗透压使菇体内外的微生物处于生理干燥状态，原生质收缩，微生物不能活动，可长期储存。

1）鲜菇验收、漂洗　验收合格的鲜菇及时倒入清水中，清除菇体上附着的物质。

2）预煮　水沸后倒入洗净的香菇，预煮 8 ～ 10 分，预煮时将菇大小分开，以免大小菇混合，大菇夹生，小菇煮熟过度。煮熟后捞入清水中冷却，要冷透至菇心。

3）盐渍　用盐水（浓度 33%）进行盐渍。将配制好的饱和食盐水倒入较大的容器内，盐渍 5 天左右，每天测定盐水浓度，上下翻动一次。用比重计测定盐水浓度，当盐水的比重低于 20 波美度时，要添加饱和盐水，使盐水比重保持 20 波美度。

盐水香菇的另一种加工技术，预煮杀青后的香菇直接用精盐进行盐制。每 100 千克鲜菇用精盐 23 ～ 25 千克。先在缸底食盐水，再加入按 100 千克鲜菇、200 克的柠檬酸。盐渍 7 天后翻缸一次，经过 14 天即可装桶。盐渍过程中，要使盐水比重保持在 22 波美度，不足时应及时补充精盐。

4）装桶包装　香菇盐渍好后，从容器中捞出按大小分级包装，包装多采用圆形塑料桶。每桶按要求装足量后，再加入饱和食盐水，加盖封严，使可长期保存和销售。

5）注意事项

☞ 盐渍香菇制作时要注意用水必须干净，水质要符合标准，使用的盐最好是精盐，以海产盐质量最好，可提高盐渍香菇的质量，保存期长，保存期间不易出现变质、腐烂等问题。

☞ 为了提高保藏效果，装桶时可添加防腐剂，用偏磷酸钠 200 克，柠檬酸 210 克配成 250 千克饱和食盐水注入桶内，排出空气后加盖封口。

☞ 盐渍香菇的保存应放在阴凉、干燥、没有阳光直射的地方，环境温度不宜超过 30℃。